Schriftenreihe der Technischen Hochschule in Wien
Band 1

Die Abhaltung des Seminars wurde durch Unterstützungen des *Bundesministeriums für Wissenschaft und Forschung in Wien* und der Firma *I B M—Österreich* ermöglicht.

INFORMATIK
Aspekte und Studienmodelle

Symposium zur Vorbereitung einer neuen Studienrichtung
in Österreich

ISBN 978-3-211-81101-6   ISBN 978-3-7091-5498-4 (eBook)
DOI 10.1007/978-3-7091-5498-4

Eigentümer, Herausgeber und Verleger:
Rektorat der Technischen Hochschule in Wien
Redaktion:
o. Prof. Dr. H. Stetter, o. Prof. Dr. A. Weinmann
Für den Inhalt verantwortlich:
Pressereferent: o. Prof. Dr. E. Bancher
Gestaltung:
H. Susan-Gfatter, Dipl.-Ing. K. Semsroth
Alle A-1040 Wien, Karlsplatz 13

Inhaltsverzeichnis

VI

Zum Geleit

Mit der Verabschiedung eines Bundesgesetzes über technische Studienrichtungen am 10. Juli 1969 wurde die gesetzliche Grundlage geschaffen, um an österreichischen Hochschulen ein Studium der Informatik einrichten zu können.

Die Informatik als *Wissenschaft* verdankt ihren Aufstieg und ihre Aktualität größtenteils der enormen Verbreitung und den vielfältigen Anwendungsmöglichkeiten des Computers in fast allen Bereichen von Wissenschaft, Wirtschaft und Gesellschaft. Obwohl der weitere Verlauf dieser Entwicklung noch nicht abzuschätzen ist, die Informatik als junge Wissenschaft selbst noch um ihre Standortbestimmung ringt, läßt sich heute schon sagen, daß der Bedarf an Computerfachleuten, aber auch an Fachleuten, die allgemeine Informationsprozesse in komplexen technischen und wirtschaftlichen Systemen analysieren und beeinflussen können, auch in Österreich zunehmend spürbar wird.

Die Informatik als *Studium* steht in Österreich erst am Anfang. Zum Zeitpunkt der Drucklegung dieser Publikation befindet sich eine Studienordnung im Begutachtungsstadium, in der vorgesehen ist, die Studienrichtung Informatik an der Technischen Hochschule Wien gemeinsam mit der Universität in Wien und an der Hochschule für Sozial- und Wirtschaftswissenschaften in Linz einzurichten. Naturgemäß sind die Probleme bei der Einführung neuer, wenig erprobter Studienrichtungen groß, ist der Ausgleich zwischen tatkräftigem Pioniergeiste und der Bedachtnahme auf vorgefundene Realitäten schwierig.

Der Technischen Hochschule in Wien ist in diesem Zusammenhang zu danken, daß sie mit großem organisatorischem Aufwand namhafte Fachleute aus dem In- und Ausland zu einem Seminar eingeladen hat, bei dem über verschiedene Aspekte der Informatik und des Informatikstudiums referiert und diskutiert wurde. Die Vorträge, Diskussionsbeiträge und Ergebnisse dieses „Informatik-Seminars" sind in der vorliegenden Publikation von den Veranstaltern in

dankenswerter Weise zusammengefaßt worden und bieten somit
einen wertvollen Beitrag, um Möglichkeiten und Grenzen eines Informatikstudiums in Österreich realistisch beurteilen zu können.

Dr. Hertha Firnberg
Bundesminister für Wissenschaft und Forschung

Vorwort

Diese Schriftenreihe, deren ersten Band die *Technische Hochschule Wien* vorlegt, soll nicht rein wissenschaftlichen Publikationen dienen, die ihren Platz besser in einschlägigen Fachzeitschriften finden. Es sollen in erster Linie umfassende Informationen zu aktuellen Fragen der Wissenschaft und der Hochschulstruktur publiziert werden.

Unsere Hochschule sieht sich in der Gegenwart mit einer Fülle von Problemen der Forschung, Lehre und Organisation konfrontiert, die in einer Schärfe und Dringlichkeit gestellt werden, wie dies vielleicht nie zuvor der Fall war. Sie muß sich diesen Fragen stellen und sie zu lösen versuchen, wenn sie ihren Auftrag heute und in der Zukunft erfüllen will. Ob es nun darum geht, neue Forschungsgebiete und neue Studienmöglichkeiten in den Aufgabenbereich der Hochschule einzubeziehen, oder darum, die Organisation der Hochschule den Anforderungen von heute anzupassen, immer wird es notwendig sein, rechtzeitig und umfassend mit wissenschaftlicher Gründlichkeit und mit Verantwortungsbewußtsein an die Lösung der Probleme heranzugehen, soweit als möglich aus den bereits an anderen Orten gemachten Erfahrungen zu lernen und dann den für Österreich, im besonderen für unsere Hochschule, besten Weg zu suchen. Wenn man bedenkt, daß Forschung und Hochschulen viel Geld kosten, das unser Volk aufbringen muß, dann wird man sich der Verpflichtung bewußt, bei allen Maßnahmen so umsichtig als möglich vorzugehen, um Mißerfolge und Fehlinvestitionen zu vermeiden.

So ist auch der erste Band dieser Schriftenreihe der Diskussion eines Problems gewidmet, mit dem sich unsere Hochschule anläßlich der Einrichtung einer neuen Studienrichtung auseinandersetzen mußte. „*Informatik*" ist eine verhältnismäßig junge Wissenschaft, die im Gefolge der gewaltigen Umwälzungen entstanden ist, die sich aus der Erfindung der Rechenautomaten und deren Eindringen in alle Bereiche von Wissenschaft, Wirtschaft und Verwaltung ergeben haben. Wie jede junge Wissenschaft ringt sie noch um ihr Profil. In aller Welt werden Studiengänge für Informatik eingerichtet, vielfach erst auf Hochschulebene; aber in manchen Staaten sind sie bereits in alle Bildungsstufen integriert.

In Österreich wurde durch das besondere Studiengesetz für die technischen Studienrichtungen vor zwei Jahren die gesetzliche Voraussetzung zur Einführung solcher Studienrichtungen in Österreich geschaffen. An der Technischen Hochschule Wien arbeitet seit dem Studienjahr 1969/70 eine Studienkommission an der Vorbereitung dieses Studiums, das mit dem Studienjahr 1970/71 begonnen wurde. Obwohl es klar ist, daß im jetzigen Stadium die Aufstellung von Studienplänen mit Experimenten verbunden ist, schien es zweckmäßig, die Probleme der Informatik als Wissenschaft und die Aufgaben eines sinnvollen Informatik-Studiums im Rahmen eines Seminares zu diskutieren, das unter Beteiligung aller interessierten Kräfte in Österreich stattfinden sollte. Daher lud die Technische Hochschule Wien in der Zeit vom 17. bis zum 19. Februar 1971 zu einem *„Informatik-Seminar"* ein, an dem Vertreter der staatlichen Verwaltung, der Wirtschaft und fast aller österreichischen Hochschulen teilnahmen. An den beiden ersten Tagen wurden zunächst von namhaften Fachleuten aus aller Welt Einführungsvorträge gehalten, die eine Übersicht über die Perspektiven der Informatik als Wissenschaft und über die verschiedenen in Erprobung befindlichen Möglichkeiten der Gestaltung des Studiums der Informatik boten. Daran schloß sich eine sehr eingehende und sachliche Diskussion, die vor allem der Anwendung des Erfahrungsmaterials auf die besonderen Verhältnisse in Österreich dienen sollte. Drei Redaktionskomitees stellten sodann die Ergebnisse der Beratungen — teilweise in Nachtarbeit — zu Berichten zusammen, die in einer öffentlichen Veranstaltung am 19. Februar 1971 mitgeteilt wurden.

Die Bedeutung, die der Frage der Datenverarbeitung auch von der öffentlichen Hand beigemessen wird, wurde durch die Anwesenheit von Repräsentanten der Regierung und der öffentlichen Hand unter Beweis gestellt. Frau Bundesminister für Wissenschaft und Forschung Dr. Hertha *Firnberg* hatte sich bereit erklärt, bei der Abschlußveranstaltung die Begrüßungsansprache zu halten. Ihr sei an dieser Stelle dafür und für ihr Verständnis und ihre Unterstützung gedankt, die sie unserer Hochschule bei der Abhaltung dieses Seminars entgegengebracht hat.

Das große Interesse, das dem *„Informatik-Seminar"* und der Abschlußveranstaltung entgegengebracht wurde sowie zahlreiche

X

Anregungen veranlaßten die Veranstalter des Seminars, die Vorträge, die Diskussionsbemerkungen, sowie die Abschlußberichte nunmehr gesammelt der Öffentlichkeit vorzulegen, da diese Informationen nicht nur für unsere Hochschulen und für Österreich von Interesse sind, sondern darüber hinaus wertvolles Studienmaterial für jeden enthalten, der sich mit Fragen der Informatik und ihrer Lehre beschäftigen muß.

Das Zustandekommen des „Informatik-Seminars" und dessen erfolgreicher Verlauf wurde durch den Einsatz des Vorbereitungskomitees, vor allem der Herren Dr. W. Spindelberger, Prof. Dr. H. J. Stetter, Prof. Dr. A. Weinmann und Prof. Dr. H. Zemanek und vieler Helfer, vor allem auch aus der Studienkommission für Informatik an unserer Hochschule und dem Rektorat ermöglicht. Die genannten Herren waren es auch, die zusammen mit Herrn Ministerialrat im Bundesministerium für Wissenschaft und Forschung Dr. W. Frank, die Arbeiten der Redaktionskomitees geleitet und wesentlich zur Fertigstellung dieses Manuskriptes beigetragen haben. Frau H. Schermann hat zur Organisation des Seminars und zum Zustandekommen des Manuskriptes wesentlich beigetragen. Schließlich sei hervorgehoben, daß die Abhaltung des Seminars durch die finanziellen Unterstützungen des Bundesministeriums für Wissenschaft und Forschung und der Firma IBM — Österreich ermöglicht wurde. Allen diesen Personen und Institutionen sei an dieser Stelle nochmals der ganz besondere Dank ausgesprochen.

o. Prof. Dr. Erich *Bukovics*
Rektor Magnificus 1970/71

TEIL I

Informatik-Seminar, T. H. Wien, 17.—19. Feb. 1971

Ablauf-Programm

Mittwoch, 17. 2.:

15,00	Begrüßung
15,05—15,50	*H. Zemanek*, Wien: Was ist Informatik?
	Kaffeepause
16,10—16,55	*H. Gassmann*, OECD: Informatik in Europa
17,00—17,45	*W. Atchison*, USA: Computer Science in USA
19,00	Gemeinsames Abendessen, Hotel Sacher

Donnerstag, 18. 2.:

9,00— 9,40 *J. G. Laski*, England: ⎫
9,45—10,25 *C. Gotlieb*, Canada: ⎬ Informatik als Wissenschaft

Kaffeepause

10,50—11,30 *H. Freeman*, USA: ⎫
11,35—12,15 *R. Herbold*, BRD: ⎬ Informatik als Berufsbild

12,30 Gemeinsames Mittagessen, Restaurant Gösserbräu

15,00—15,25 *W. Knödel*, BRD: ⎫
15,30—15,55 *H. Freeman*, USA: ⎬ Ziel und Plan der Ausbildung
16,00—16,25 *N. Wirth*, Schweiz: ⎭

Kaffeepause

16,45—19,15 *Diskussion* über einen Studienplan für ein Diplom-
studium der Informatik in Österreich.
Diskussionsleitung: *W. Spindelberger*, Wien,
                    A. Weinmann, Wien

ab 19,30 Redaktion der Ergebnisse in Komitees

Freitag, 19. 2.:

Öffentliche Veranstaltung
(Siehe eigenes Programm!)
Soweit nicht anders vermerkt, finden alle Sitzungen im
Festsaal der T. H. Wien statt.

Heinz Zemanek *

Was ist Informatik?

Goethe läßt im Faust Mephisto die Bemerkung machen

Denn eben wo Begriffe fehlen,
Da stellt ein Wort zur rechten Zeit sich ein.
Mit Worten läßt sich trefflich streiten,
mit Worten ein System bereiten.

Das Wort, das *zur rechten Zeit sich eingestellt* hat, ist das Wort *Informatik,* das *treffliche Streiten* soll unser Seminar besorgen, um den *fehlenden Begriff* hervorzubringen und um *ein System zu bereiten,* nämlich eine Studienrichtung *Informatik.*

Das geflügelte Wort läßt uns zu leicht vergessen, daß der Spott des Teufels eine Verdrehung der Wahrheit ist, eine Verdrehung freilich, deren sich nicht wenige schuldig machen. Die göttliche, die schöpferische Kraft der natürlichen Sprache liegt eben darin, daß man Worte für Begriffe verwenden kann, die man noch nicht ausgearbeitet hat. Dies ist geradezu der Mechanismus für den Fortschritt. Denn wo alle Begriffe und Relationen fest definiert sind, wie zum Beispiel im Grenzfall der perfekt definierten, konstruierten Sprache, gibt es innerhalb des Systems keine schöpferische Leistung, weil sich alle Schlußfolgerungen und Kombinationen von selber verstehen. Mit einem gut gewählten Wort kann man also einen Begriff zunächst unfertig in die Welt stellen, um ihn dann in Reflexion und Diskussion weiter und fertig zu entwickeln.

Genau dies ist die Absicht unseres Seminars: zu dem Wort *Informatik* einen Begriff zu entwickeln — oder, genauer gesagt, den Begriff einer Studienrichtung zu spezifizieren, so weit das in einem Seminar möglich ist. Denn eine Studienrichtung — und das sollte in

---

* Heinz *Zemanek:* Direktor des IBM Laboratoriums Wien, Professor der Technischen Hochschule Wien, Präsident der IFIP.

den nächsten Stunden und Tagen niemals aus dem Bewußtsein verloren werden — ist niemals durch ein Dokument festlegbar, weder durch ein Gesetz noch durch eine wissenschaftliche Monographie. Sondern eine Studienrichtung wird erst durch die beteiligten Personen Wirklichkeit und ihr Begriff wird in ihrer und durch ihre Existenz weiterentwickelt; solange es sich um einen lebendigen Gegenstand handelt, braucht diese Entwicklung nicht einmal zu einem Abschluß gelangen. Die beteiligten Personen sind nicht nur die Lehrkanzelvorstände, die Assistenten und Studenten, sondern auch die vielen Lehrer, Beamten und Hörer, die den Geist der Hochschule bestimmen, an welcher die Studienrichtung verwirklicht wird, und die Gremien, die auf die Einzelheiten außerhalb der offiziellen Dokumente Einfluß nehmen, insbesondere zum Beispiel die Fakultät, in deren Rahmen der Plan ausgeführt wird. Unser Seminar kann also nur Richtungen und Grenzen, Felder und Gewichte diskutieren und vielleicht auch abstrakte Definitionen beschließen. Es wird trotzdem von den Kräften außerhalb dieses Saales abhängen, welche reale Folgen das erarbeitete Ergebnis haben wird.

Das Wort *Informatik* ist gut gewählt. Es ist auch für den englisch oder französisch Sprechenden verständlich und bezeichnet das Sachgebiet zutreffend. Im Lateinischen bedeutet *informare* Form geben oder beschreiben und ist eine gute Wurzel für die Wissenschaft, die wir diskutieren wollen. Noch ehe das Wort *Informatik* eine Chance hatte, in der Familie der Computer-Wissenschaften eine wesensgemäße Verwendung zu finden, kam ein findiger Kopf in Deutschland auf die Idee, es für einen Firmenzweck schützen zu lassen — es gab ein Informatik-Werk bei Stuttgart — und dadurch wurde es dem unabhängigen Gebrauch entzogen. Da es das Informatik-Werk nicht mehr gibt, wurde das Wort für wissenschaftlich-erzieherische Zwecke freigegeben und nun scheint es sich — durch die längere Schonzeit wohl vorbereitet — für die Wissenschaft vom Computer und für ihren Unterricht durchzusetzen.

Man hätte das Wort *Computer-Wissenschaften* vorschlagen können. Aber auf der einen Seite stellt *Computer* den Begriff zu sehr unter die Herrschaft der Berechnung und auf der anderen wäre das ein zu weites Feld. Der Computer ist eine elementare Erfindung der Technik und sein Entwurf, seine Herstellung, seine Programmierung und seine Benützung sind mit zahlreichen zentralen

und peripheren Wissenschaften verbunden, deren Vereinigungsmenge ein Einzelstudium hoffnungslos sprengen würde. Dazu kommt
noch, daß um den Computer herum eine Reihe von Wissenschaften
Bedeutung haben, die über alle Bereiche des Lebens gehen, von der
Philosophie und Rechtswissenschaft über Physiologie, Psychologie
und Soziologie bis zu allen Sparten der Technik.

Die Aufgabenstellung des Seminars ist demgemäß eine Begriffs-
einengung: was soll unter *Informatik* im engeren Sinn verstanden
werden?

Wir kommen sofort einen großen Schritt weiter, wenn wir uns
vor Augen halten, welche Computerwissenschaften oder für den
Computer relevanten Wissenschaften in anderen Studienrichtungen
passend abgedeckt werden. Mit anderen Worten gesagt: die neue
Studienrichtung *Informatik* kann nicht dafür gedacht sein, sämtliche Akademiker hervorzubringen, die später mit Rechenanlagen zu
tun haben werden. Das wäre auch ein unsinniger Anspruch und ein
unerfüllbares Programm. Das ideale Ergebnis des Seminars wäre
vielmehr, eine Studienrichtung zum umreißen, die genau jenes Feld
abdeckt, das von der Vereinigungsmenge der klassischen Fachrichtungen offengelassen wird. Ein solch ideales Ergebnis kann jedoch
kaum erwartet werden, weil die offenen Teile mit wenig Wahrschein-
lichkeit ein geschlossenes Ganzes bilden werden. Immerhin ist damit
ein erstes Idealziel definiert.

Was ist Informatik nicht?

Wenden wir uns der Identifizierung der ausschließbaren Teilfelder
zu. Vor allem sind es die zahlreichen Anwendungen des Computers,
die nicht in eine neue Studienrichtung gehören, sondern die in den
klassischen Studienrichtungen die Beachtung des Rechners und
seiner methodikverändernden Kraft verlangen. Auf welche Weise
die Computer-Orientierung aller Anwendungsbereiche besser ge-
fördert werden könnte, als indem man abwartet, was allmählich von
selber geschieht, mag Thema eines anderen Seminars sein — aus
unserer Veranstaltung muß es ausgeklammert bleiben. Ausdrücklich ablehnen möchte ich den Gedanken einer Vielzahl von enzyklo-
pädischen Vorlesungen über einzelne Anwendungsgebiete. Damit
kann man nur eine dünne Tünche aus Vokabular erreichen, deren
angedrillte Beherrschung den Absolventen ebenso über den Mangel

an Sinnwissen hinwegtäuscht wie seine Zuhörer in der späteren Praxis.

Das Jahrhundert des *Teamworks* verlangt hier unmißverständlich das Zusammenwirken von Computerspezialisten und von Spezialisten des Anwendungsgebietes. Hingegen erkennt man sofort eine Forderung an die neue Studienrichtung: den Einschluß abstrahierter Anwendungsfragen.

Es geht dabei um jene Züge, die allen Computeranwendungen gemeinsam sind. Und das ist weit mehr als die numerische Mathematik. Die Zeit, wo der Rechner vorwiegend Matrizen und Differentialgleichungen verarbeitete, ist endgültig vorbei. Nur noch auf Analogrechentagungen kann man sich in diese vergangene Atmosphäre zurückversetzen. Vielmehr geht es bei der Verallgemeinerung um logische und organisatorische Strukturen, welche mathematische Prozesse nicht ausschließen, aber zum Teilgebiet machen, und meist sogar zum einfacheren: wo man nämlich mathematische Prozesse heranziehen kann, kommt es nur auf deren Realisierung im Computer an. Die Logik und Organisation nichtnumerischer Prozesse hingegen wurde in der Vergangenheit größtenteils implizit und intuitiv behandelt, sodaß die Realisierung im Computer kaum auf vorhandene Algorithmen zurückgeführt werden kann. Dazu kommt, daß die Anwendung in ihrer pragmatischen Hemdärmeligkeit lange vor der theoretischen Gesamterfassung einsetzt und daher nicht auf die Eleganz und Allgemeinheit des mathematischen Denkens abgezielt sein kann, sondern das kompromißoffene Geschick und das kühle Kostenbewußtsein des Ingenieurdenkens braucht. Das ist die Rechtfertigung dafür, daß bei der Informatik die Technische Hochschule federführend ist — darauf werde ich noch zurückkommen.

Über die Algorithmen numerischer und nichtnumerischer Anwendung hinaus gibt es methodische Fragen, die der wissenschaftlichen Analyse bedürfen. Etwas vereinfacht könnte man sie durch die Überschrift *Wie geht man vor, wenn man eine völlig neue Art der Computeranwendung vorbereiten soll?* charakterisieren. Leider gibt es noch kaum Ansätze zu einer *verallgemeinerten Computeranwendungstheorie* und man kann sich nur mit Fallstudien einarbeiten. Aber auf eine derartige Theorie sollte die *Informatik* hingerichtet werden.

Eine zweite Gruppe von ausschließbaren Feldern liefern merkwürdigerweise jene Wissenschaften, die man als die historischen Wurzeln des Computers ansehen könnte. Schlechten Eltern gleich stellen diese Wissenschaften manchmal nämlich übertriebene Forderungen an das erwachsene Kind, um es ihnen ähnlicher zu machen, als recht ist. Mathematik und Nachrichtentechnik, Buchhaltung und Statistik sind zwar Wurzeln und Bausteine, aber schon seit geraumer Zeit bilden sie nicht mehr den Kern der Computer-Wissenschaften, und nichts wäre verkehrter als die Informatik als Konglomerat der eben genannten Felder zu konzipieren; was von ihnen noch bleiben wird in der Informatik, muß sehr kritisch geprüft sein. Umgekehrt gilt aber, daß der Computer auf seine Wurzeln und Bausteine zurückgewirkt hat und daß daher diese Gebiete durch ihn Veränderungen erfahren haben — mehr noch: diese Gebiete müssen den Computer integrieren und die entsprechenden Studienrichtungen müssen daraus die Konsequenzen ziehen.

(1) Mathematik

In der Mathematik bedeutet der Computer erstens den Übergang von den Tabellenwerken zum Unterprogramm. Damit fällt die Ausrichtung der Denkvorgänge auf ein Werkzeug fort, das seit Napier die Mathematik stärker beeinflußt hat, als man meinen möchte. Merkwürdigerweise hat — unabhängig von der Erfindung des Computers — die Physik eine Wendung genommen, die auch vom Denken in Logarithmen und Winkelfunktionen, in Vektor- und Matrizenkalkülen wegführt und statistische und nichtlineare Prozesse in den Mittelpunkt neuer Betrachtungsweisen stellt.

Zweitens kann der Computer aber auch die Routine-Vorgänge aller Zeichenersetzungen übernehmen, die bei jeder Art der Algebra schon vor dem Einsatz der numerischen Auswertung erforderlich sind und die bisher in vielen Fällen erhebliche mechanische Arbeit verlangt haben. Ich persönlich glaube, daß ein gewisses Mißtrauen der Mathematiker gegen den Computer hier für die Langsamkeit der Entwicklung verantwortlich ist, die Vorstellung, daß der Computer nur die knechtliche Auswertung dessen übernehmen kann, was der denkende Mathematiker durch doppeltes Unterstreichen abgeschlossen hat. Es ist zu hoffen, daß billige Konsolen eines Computer-Teilnehmersystems hier in Kürze Bekehrungen erwirken können.

(2) Nachrichtentechnik

Für die Nachrichtentechnik bedeutet die rasante Entwicklung der digitalen Schaltkreise eine Revolution des Entwurfs- und Produktionsdenkens, das von der Industrie noch nicht im ganzen Ausmaß erkannt worden ist. Beim Computer selbst hat man erlebt, wie die Miniaturisierung das alte Ökonomiesystem *reduziere die Schaltelemente auf ein Minimum* außer Kraft gesetzt hat. Nicht voll ausgenützte, aber massengefertigte Vielfachbauteile verlangten zuerst ein Minimum an Anschlußstellen und später ein Minimum der kombinierten Kosten von Arbeitszeit und Material. Die Schaltfreudigkeit der digitalen Information lädt zur ständigen Kombination von Übertragung und Verarbeitung ein und zur Vermischung aller Arten von Information, geschrieben und gesprochen, gemessen und berechnet.

Das digitale Denken wird den Kampf mit zwei Erzübeln der Nachrichtentechnik aufnehmen: mit der Vergeudung und der Redundanz. Heutzutage übertragen und speichern wir noch viel zu viel Information, weil die analoge Form nur schwer auf das Wesentliche reduziert werden kann.

Für all dies ist die Telephonvermittlung ein gutes Beispiel, und auf diesem Gebiet werden am raschesten computerähnliche Strukturen an die Stelle der klassischen treten und Netzwerke einer Flexibilität und Vielfältigkeit erlauben, von denen wir heute noch nicht träumen. Dazu kommt, daß die Computertechnologie die klassische Nachrichtentechnik hinsichtlich der Verläßlichkeit in einem Maß überflügelt hat, daß in Kürze die Unzulänglichkeit der bestehenden Nachrichtennetze intolerabel sein wird.

(3) Wirtschaftswissenschaften

Die Lochkarte ist der Übergang der Buchhaltung vom Papier der Journale und Belege zum elektronischen Speicher; wenn man wollte, könnte man sie ebenso langsam durchblättern wie ein Geschäftsbuch der Biedermeierzeit. Aber allmählich ändern sich auch in der kommerziellen Informationsverarbeitung die Verhältnisse mit steigender Geschwindigkeit. Die alte Trennung zwischen Fabrik und Büro wird aufgehoben, die gleichen Daten betreiben Verrechnung und Produktion. Die körperliche Arbeit wird auf das Drücken von Knöpfen eingeschränkt und bald werden die Steuerknöpfe der

Fabrik nicht einmal mehr größeren Durchmesser haben als jene des Büros. Technisches und wirtschaftliches Denken wird in eins verschmelzen und es wird computergetragen sein.

(4) Statistik

Die Mengenangaben und Mittelwerte der Statistik waren bisher ein wenig weltfremde Produkte langwieriger Erfassung, soweit hinter der Geschichte her, daß abgeleitete Schlüsse und Handlungen häufig nur akademischen Charakter hatten. Die lebendige Datenbank der kommenden Jahrzehnte wird Verwaltung und Statistik zugleich sein; Menschen, Vieh und Maschinen werden nicht alle zehn Jahre, sondern sozusagen täglich gezählt werden — mit all den Gefahren konzentrierter Information, aber zugleich den großen Organisationen von Ländern und Kontinenten die Flexibilität zurückgebend, die einst den Stadtstaaten zu eigen war.

Wenn man die Ausgangswissenschaften der Computertechnik in dieser Weise sieht, dann erkennt man, daß sie mit dem Computer in ihrem eigenen Stil fertig werden müssen. Die Studienrichtungen dieser Gebiete werden ihre eigenen Lehrkanzeln für Computerfragen brauchen und sie werden mehrere Wahlpläne entwickeln müssen, die sich durch das Gewicht unterscheiden, das sie dem Computer zulegen. Tatsächlich gibt es für diese Entwicklung in allen Ländern Ansätze und wenn die Umstellung auch nicht überall mit der wünschenswerten Geschwindigkeit vor sich geht, so gibt es doch an vielen Stellen sehr befriedigende Ansätze. Die Lehrpläne der Technischen Mathematik an der Wiener Technischen Hochschule sind ein Beispiel, das den Vergleich mit anderen Ländern mehr als besteht.

Auch die Wissenschaften, die mit der Herstellung von Computern zu tun haben, nämlich Physik, Mechanik und Fertigungstechnik, können und müssen aus dem Begriff der Informatik zum größeren Teil ausgeschlossen werden.

(5) Physik

Während noch die Röhre ein echtes Ingenieurprodukt des Nachrichtentechnikers war, wurde bereits im Transistor der Funktionsmechanismus in das Innere eines Kristalls verlegt und damit dem Physiker überantwortet. Die integrierte Schaltkreistechnik führt diese Entwicklung weiter und wird sie in so mikroskopische Bereiche weitertreiben, daß das optische Auflösungsvermögen der Linsen im Herstellungsprozeß eine Hürde bilden wird. Die eigentliche Datenverarbeitung kann mit solchen Mikrobereichen ganz offensichtlich keine direkten Beziehungen entwickeln; sie wird von einer funktionellen Beschreibung der funktionellen Vorgänge ausgehen müssen und an dieser Stelle scheiden die physikalischen Einzelheiten aus dem Sichtkreis aus. Es kommt *ausschließlich* auf die abstrakte Funktionsbeschreibung an — höchstens noch auf einige physikalische Grenzwerte und Grenzsituationen.

(6) Mechanik

Das Studium der Mechanik ist schon von der Nachrichtentechnik (aus den gleichen Motiven) als nebensächlich behandelt worden. Für den Computer sind mechanische Einrichtungen bei der Ein- und Ausgabe sehr wichtig, aber gerade an ihnen bestätigt sich, was eben über die Physik gesagt wurde: man hat in der Nachrichtentechnik spezialisierte Mechaniker gebraucht, aber es bestand niemals Grund, eine mechanische Ausbildung zu einem wesentlichen Bestandteil des nachrichtentechnischen Studiums zu machen. Es genügt, abstrakte Funktionsbeschreibungen zu benützen und mechanische Grenzwerte und Grenzsituationen zu kennen. Für den Computer gilt hier das Gleiche wie für die Nachrichtentechnik und beim Computer ist auch die Analogie zur Physik offenbar. Beide Felder können ausgeschlossen werden.

(7) Fertigungstechnik

Die Computerherstellung als Prozeß liegt auf jeden Fall in den Händen eines industriellen Expertenteams, das eine völlig computerunabhängige Ausbildung hatte und bei dem die praktische Erfahrung weit stärker zählt als jede Art von Studium.

Nun kommt es freilich nicht allein auf die Computerherstellung im engeren Sinn an, sondern man müßte hier von der Produktion digitaler Schaltkreise sprechen, die für die gesamte nachrichtentechnische Industrie von Bedeutung ist und ständig wichtiger wird.

Dazu kommen die feinmechanischen Teile, vorzugsweise für Ein- und Ausgaben von Daten, die eine Brücke zwischen Elektronik und Mechanik bilden. Das ist ein klassisches Problem der Nachrichtentechnik und dafür braucht es keine neue Studienrichtung.

12

Was bleibt nun übrig?

Vor fünfzehn Jahren hätte der Leser an dieser Stelle mit Recht die Frage gestellt: was bleibt denn nun eigentlich für die Informatik über, wenn man alle Wissenschaften ausschließt, die den Computer ausmachen? Heute aber ist klar, was bei dem Ausscheidungsvorgang übrig geblieben ist. Es *hat* sich indessen ein Feld gebildet, das von den herkömmlichen Studienrichtungen nicht abgedeckt wird, und darum geht es bei der Informatik.

Noch einmal könnte hier allerdings die Forderung nach einem Konglomerat der sieben Grundwissenschaften postuliert werden, und man hört diese Forderung in der Tat. Die Begründung ist, daß die Teilexperten eines Teams einen Chef brauchen, der die Sprache aller Teammitglieder spricht, ihre Arbeit zu koordinieren vermag und jenseits ihrer Teilansichten das Ganze zu sehen vermag. Erstens wäre darauf zu erwidern, ist die Leitung eines Teams eher ein psychologisches als ein naturwissenschaftlich-technisches Problem; zweitens wäre für einen Idealchef dieser Art ein Mehrfachstudium erforderlich; und drittens kann der im folgenden beschriebene Informatiker diese Rolle übernehmen — aber nicht, indem er aus den sieben klassischen Grundwissenschaften gemischt ist, sondern über ein Gemeinsames, das seinen eigenen Charakter hat.

Programmierung

Dieses Gemeinsame ist die *Programmierung*. Denn wer immer mit dem Computer zu tun hat, ob in der Anwendung, in einer der aufgezählten Grundwissenschaften oder bei der Herstellung — er bekommt es mit der Programmierung zu tun.

Informatik kann nicht einfach der Programmierung gleichgesetzt werden. Denn das Schreiben von Programmen kann vielerlei Charakter haben. Vor allem kann es völlig einseitig einer der Ausgangswissenschaften des Computers zugewendet sein, insbesondere der Mathematik oder der Buchhaltung. Ähnlich wie bei der Anwendung muß man von einer Verallgemeinerung ausgehen, wenn man das Programmieren als Basis für die Informatik ansehen will. Man erhielte eine *verallgemeinerte Programmierungstheorie*, die vom Zweck des Programms unabhängig wäre und nur das Gemeinsame an allen Programmen zu erfassen trachtete. Das ist freilich der gleiche Wunschtraum wie die verallgemeinerte Anwendungstheorie.

Wieder kann man sagen, daß die Informatik auf eine derartige Theorie hingerichtet sein sollte.

Bei dieser Verallgemeinerung allerdings kann man wesentlich konkreter werden. Denn wenn auch noch keine befriedigende allgemeine Theorie in Sicht ist, so gibt es doch praktische Lösungen sehr allgemeiner Blickrichtung, denen die theoretische Untermauerung fehlt, die aber den Gegenstand erkennen lassen. Meist spricht man dabei von „Software Engineering." Das ist wieder ein Wort, zu dem der Begriff noch fehlt, zu dem es aber wenigstens eine ganze Reihe von Assoziationen gibt. Über die Definition des Begriffes Software könnte nun verschiedenes gesagt werden und auch über das Verhältnis zwischen Hardware und Software, aber dies alles kann der Diskussion überlassen werden. Nur über den Grund, warum Hardware und Software gegeneinander austauschbar sind, sei ein Wort eingefügt. Denn dieser Grund ist zugleich auch die Grundlage der Informatik, wie ich sie vorschlagen möchte. Sowohl die digitalen Schaltungen des Computers wie auch alle Arten von Programmierungscodes und Programmierungssprachen lassen sich syntaktisch auf die Aussagenlogik zurückführen, wozu man höchstens noch ein Zeitelement nehmen muß. Diese klare Basis ergibt die Perfektion und die Stärke des Computers. Hier braucht es keine offenen Fragen zu geben: über jede Ja-Nein-Entscheidung hat man Kontrolle und alle Vorgänge können eindeutig abgeleitet werden.

Fast könnte man meinen, man hätte es nur mit Trivialitäten zu tun, an denen höchstens die Anzahl der Elemente und die hyperastronomischen Kombinationsmöglichkeiten der Elemente ein wissenschaftliches Problem bilden. Es wäre die Welt des „Tractatus Logico-Philosophicus" von Wittgenstein, in der das Universum als Tautologie erscheint.

Aber der Computer lebt in der wirklichen Welt, die den Übergang auf die zweite Philosophie Wittgensteins verlangt, in der die Imperfektion regiert. Die Informatik muß die Spannung zwischen der logischen Welt der Ja-Nein-Entscheidungen und der wirklichen Welt der offenen und unklaren Entscheidungen überbrücken. Die Welt richtet sich nicht nach dem Programmierungssystem, sondern das Programmierungssystem muß der Welt dienen. Die Perfektionierung der Programmierungssprachen war der falsche Weg, die Informatik muß sich um die Imperfektionierung des Rechenmaschinengebrauchs kümmern. Aus dieser Quelle her wird sie zur Ingenieurwissenschaft, zur Kunst des Kompromisses, die den wahren Ingenieur ausmacht.

Kehren wir aber von diesem philosophischen Exkurs zum Ergebnis des Abspaltungsvorganges zurück, mit dessen Hilfe wir von den Computer-Wissenschaften zur Informatik vorzustoßen trachteten. Was ist als Restfeld geblieben?

Der Ingenieur für abstrakte Objekte

Faßt man die Theorie der Programmierung nicht mehr als die Theorie der Algorithmen auf, die das Nichtberechenbare vom Berechenbaren scheidet, das Unentscheidbare vom Entscheidbaren, sondern als die Kunst des Möglichen, die das Wirtschaftliche vom Unwirtschaftlichen scheidet, dann haben wir den ersten Orientierungspunkt bekommen.

Die Lehre der praktischen Programmierung im Rahmen des endlichen Speicherumfanges und der Speicherhierarchie mit ihren Geschwindigkeits- und Kostenunterschieden, im Rahmen der endlichen Rechenzeit und der optimalen Programm-Produktionszeit, ist der Grundstein der Informatik. Das Pionierzeitalter ist vorbei. Der Computer darf nach außen hin nicht mehr als das reale Elektronikgebilde mit seinem Maschinencode erscheinen, aber auch nicht mehr als das universelle Algorithmenabstraktum, zu dem ihn die programmierenden reinen Mathematiker machten. Der Computer ist flexibel genug, um jedem Benützer als das Informationswerkzeug zu erscheinen, das ihm am besten dient. Alle jene sogenannten problemorientierten Programmierungssprachen, die besser *fachorientierte Programmierungssprachen* heißen sollten, zeigen die Richtung; aber die Entwicklung wird viel weiter gehen. Die Zusammenarbeit zwischen Mensch und Maschine, wie sie der Teilnehmerbetrieb ermöglicht, verlangt das Gespräch mit dem Computer. Der algorithmische Monolog der elektronischen Rechenmaschine wird der interaktiven Programmausarbeitung und dem optisch unterstützten Datenmanagement an der Konsole weichen. Das ergibt gleich auch eine Nebenbemerkung für die Geräteausstattung des Informatikstudiums, deren Wichtigkeit nicht überschätzt werden kann. Ein relativ großer Computer mit vielen Teilnehmerstationen und einem guten Betriebsprogramm ist unerläßlich. Außerdem wäre zu fordern, daß der direkte Umgang mit dem Computer bereits an den

Höheren Schulen, wenn nicht schon früher, einsetzen muß. Dafür sind speziell ausgebildete Lehrer erforderlich und es wäre über die *Ecole Normale de l'Informatique* zu diskutieren.

Kehren wir aber zum New Look des Computers zurück, der dem Benutzer ein Maximum an Wünschen erfüllt. Auf Eigenheiten der Hardware und der untersten Grundprogramme wird es immer weniger ankommen; denn ein Gerüst von weiteren Programmen verwandelt das Standardgerät in die abstrakte Maschine, die der einzelne Benützer braucht. Seine Sonderprobleme und seine Spezialbequemlichkeit werden nach Maß geschneidert — der Privatautomat wird am Universalautomaten simuliert. Man braucht sich nur vor Augen zu halten, daß schon bei den algorithmischen Sprachen Beschreibung und Ausführung eins werden, um die Beschreibung von Strukturen in computergerechten Sprachen als das Zentralproblem der Informatik zu erkennen. Eine *universelle Beschreibungstheorie* für Prozesse innerhalb und außerhalb des Computers wird gleichzeitig die Analyse und Synthese gestatten und damit den Datenfluß unter Kontrolle bekommen.

Der Informatiker wird zum Organisator und Verwalter; er bildet so eine Brücke zu einem auf den ersten Blick völlig anderen Berufsproblem: zum Manager, Organisator und Verwalter in großen Betrieben, insbesondere in Konzernen, Ministerien und Stadtverwaltungen. Die in Österreich übliche Lösung, dort vorwiegend Juristen zu beschäftigen, wird nicht mehr lange verwendbar sein und man müßte eigentlich empfehlen, daß sich die zuständigen Ministerien nicht nur um die Studienrichtung Informatik annehmen, sondern zugleich und in Verbindung auch eine moderne und computerorientierte Verwaltungsakademie in Angriff nehmen. Aber diese Frage geht über unser Seminar weit hinaus.

Fassen wir das Ergebnis unserer Bemühungen zusammen, dann erscheint die Informatik hingerichtet auf vier große theoretische Felder, die allerdings in ihrer allgemeinen Form erst aus der Studien- und Forschungsrichtung *Informatik* hervorgehen werden, nämlich

> Anwendungstheorie
> Programmierungstheorie
> Organisationstheorie
> Beschreibungstheorie.

Wieviel davon heute schon besteht und Gegenstand von Vorlesungen bilden kann, wird unser Seminar zu diskutieren haben. Die Grundwissenschaften, aus denen der eigentliche Gegenstand zu erbauen ist, stehen von Beginn an fest (das Problem ist die Zielrichtung und die Auswahl des Vorlesungsinhalts):

> Logik und Mathematik
> Sprachtheorie
> Wirtschaftswissenschaften
> Entwurf und Planung von Systemen
> Verwaltungswissenschaften

und — soweit Zeit dafür bleibt — auch

> Physik (Mechanik und Elektronik)
> Nachrichtentechnik

und vielleicht auch noch andere.

Die Diskussion kann dabei nicht nur von theoretischen Erwägungen ausgehen, sondern auch von den Vorarbeiten, die in Deutschland und in Österreich geleistet wurden — von der deutschen Studienrichtung Informatik und von den Dokumenten der Studienkommission für Informatik der Technischen Hochschule Wien.

Zum Abschluß möchte ich aber noch einmal auf den Ingenieur-Charakter der Informatik zu sprechen kommen. Denn in diesem Zug scheint mir die Hauptschwierigkeit der neuen Studienrichtung zu liegen und auf ihn müßte alle Sorgfalt angewendet werden. Der Informatiker muß seiner Ausbildung und seiner Geisteshaltung nach *Ingenieur* werden — aber ein Ingenieur ganz neuer Art. Was nämlich der bisherige Ingenieur zu Papier brachte, waren abstrakte Darstellungen von konkreten Gebilden wie Brücken und Fahrzeugen, Reaktoren und Schaltungen; es waren Zeichnungen und Rechenverfahren.

Beim Informatiker sind die Gebilde, über die er spricht, bereits abstrakt und auf dem Papier, nämlich Programme und Beschreibungen. Das verleitet sehr dazu, die Notwendigkeit der nächsthöheren Abstraktionsebene zu übersehen oder zu unterschätzen.

Der Informatiker konstruiert, aber was er konstruiert, sind abstrakte Objekte, die auf dem Papier stehen und erst in einem zweiten Vorgang in einer elektronischen Schaltung realisiert werden. Derartige abstrakte Gegenstände sind bisher nur in Logik und

Mathematik behandelt worden, aber wenn dort von konstruktiver Vorgangsweise die Rede ist, dann meint man nur selten eine Ingenieurtätigkeit. Gerade die Ingenieurmentalität ist aber das Um und Auf der Informatik. Die Informatik muß an einer Technischen Hochschule entstehen, weil an allen anderen Hochschulen die Ingenieurmentalität nicht mit der erforderlichen Dichte hervorgebracht werden kann. Die allgemein technische Umgebung allein aber genügt nicht. Es muß weiterhin sichergestellt werden, daß sich der traditionelle Geist des realisierenden Ingenieurs in der neuen Studienrichtung klar manifestiert: die Kompromißbereitschaft zwischen theoretischer Eleganz und praktischer Verwendbarkeit, zwischen perfekter Funktion und erschwinglichem Preis, zwischen sorgfältiger Dokumentation und zeitgerechter Lieferung. Mit einer mathematischen Theorie kauft man eine Idee, mit einem Ingenieurprodukt kauft man auch die Instandhaltung (oder man hat schlecht eingekauft). Das Ersatzteillager des Informatikers ist so abstrakt wie seine abstrakten Objekte — aber es muß existieren.

Damit sind wir wieder bei meiner Eingangsbemerkung: mehr als auf das Dokument wird es auf den Menschen ankommen, der die neue Studienrichtung Informatik vertritt. Die künftigen Professoren der Informatik werden Erfolg oder Mißerfolg der Bemühungen entscheiden, der Bemühungen der Ministerien, der Hochschulen und unseres Seminars.

H. P. *Gassmann* *

Informatik in Europa

Das Programm des Wissenschaftspolitischen Ausschusses der OECD umfaßt seit über zwei Jahren verschiedene Projekte, die sich speziell mit den Hauptproblemen der EDV-Anwendung befassen. Eines dieser Projekte, das noch im Anlaufstadium ist, betrifft die Maßnahmen der Mitgliedsländer auf dem Gebiet der Informatik-Ausbildung.

Von Professor *Zemanek* haben Sie gehört, was unter Informatik zu verstehen sei. Dieser Terminus, relativ neu, muß in der Zukunft noch mehr mit Meinungsgehalt gefüllt werden, bevor er allgemein akzeptiert wird. In diesem Zusammenhang ist es interessant, darauf hinzuweisen, daß es sogar in Frankreich — wo das Wort „Informatique" zuerst benutzt wurde —, durchaus verschiedene Definitionen von Informatik gibt. Ich darf drei aufzählen, die in einem neuen Bericht der französischen Regierung für den 6. Entwicklungsplan enthalten sind [1]:

— Erstens wird die Informatik im engen Sinne als Konstruktions- und Programmierungstechnik der Rechner begriffen.

— Eine zweite Definition ist etwas weiter und begreift die Informatik als Zweig der Mathematik mit großer Betonung der Algorithmik und der Begriffe der Strukturen, Systeme und Modelle.

— Die dritte Definition der Informatik ist die weiteste: Informatik ist eine Wissenschaft mit dem Ziel des Studiums der Informationsverarbeitung, wobei die Semantik die Untersuchung des von dieser Information vermittelten Wissens übernimmt.

Wie Sie sehen, gibt es hier eine Übereinstimmung nur hinsichtlich der Bedeutung des Studiums und der Verwendung von Algorithmen.

---

* H. P. *Gassmann*, Leiter der Informatik-Studienabteilung, Direktion für wiss. Angelegenheiten, der OECD, Organisation für wirtschaftliche Zusammenarbeit und Entwicklung, Paris.

Mein Vortrag gliedert sich in zwei Teile: im ersten soll ein großer Überblick über die allgemeine Situation der Informatik im Verhältnis zu der Gesamtwirtschaft der westeuropäischen Länder gegeben werden. Im zweiten Teil werden die Ausbildungsmöglichkeiten auf Hochschulebene geschildert, wie sie zur Zeit in den wichtigsten europäischen Ländern bestehen.

Computer und Wirtschaft — einige Zahlen

Auf Grund des schnellen Wachstums des Bestandes an Rechnern und der großen Anstrengungen auf dem Gebiet der Ausbildung von Informatik-Fachkräften ist es schlechterdings unmöglich, die Entwicklung auf diesem Gebiet statistisch exakt zu verfolgen. Die folgenden Zahlen sind aus verschiedenen Quellen zusammengestellt worden, sind mit verschiedenen Methoden ermittelt worden und sind nur bedingt miteinander vergleichbar. Sie geben somit nur sehr grobe Anhaltspunkte — die trotzdem genügend Aussagekraft besitzen, um Relationen zwischen einzelnen Ländern deutlich werden zu lassen.

Tafel 1 gibt eine allgemeine Übersicht über die Zahl der Rechner, über die Bevölkerung und das Bruttosozialprodukt einiger europäischer Länder, Japans und der USA. Aus Tafel 1 ist zu ersehen, daß 1969 die USA mit 62.700 installierten Rechnern nicht nur absolut, sondern auch gemessen an der Bevölkerung führend waren. Diese Situation hat sich bis heute nicht geändert. Von den europäischen Ländern ist die Bundesrepublik Deutschland mit 6.400 Computern in absoluten Zahlen führend, während die Schweiz mit 215 Rechnern pro Million der Bevölkerung in Europa führend ist. Dies stimmt auch noch, wenn man die wesentlich niedrigere Zahl von 870 Rechnern zugrunde legt, die von einer anderen Quelle als der AFIPS-Bericht angegeben wird. Die meisten größeren europäischen Länder haben ungefähr 100 Computer pro Million Bevölkerung, außer England, wo die Zahl um 80 liegt. Die Frage stellt sich, ob diese Zahl für England korrekt ist, denn im allgemeinen ist man der Ansicht, daß in Großbritannien die Probleme der Informatik recht frühzeitig erkannt worden sind, und die Rechneranwendung sehr intensiv betrieben wird. Genauso erstaunt die relativ niedrige Zahl von 68 Rechnern für Schweden; ein Beweis, daß man diese Zahlen mit großer Vorsicht betrachten muß. Noch zu bemerken wäre, daß Österreich mit 59 Computern pro Million Bevölkerung noch über dem Koeffizienten für Japan liegt, bei etwa vergleichbarem Bruttosozialprodukt pro Kopf der Bevölkerung.

Tafel 1. *Rechner, Bevölkerung und Bruttosozialprodukt 1969*

	Anzahl der Rechner	Bevölkerung (Millionen)	Brutto-Sozial-Produkt pro Kopf $	Anzahl der Rechner pro Million Bevölkerung
Germany	6.400	58,7	2.802	110
Austria	440	7,4	1.689	59
Belg./Lux.	1.000	9,9	1.820	101
France	4.803	50,3	2.775	95
Italy	2.300	53,2	1.541	43
Netherlands	1.378	12,9	2.199	107
United Kingd.	4.321	55,5	1.973	78
Sweden (1968)	540	7,9	3.230	68
Switzerland	1.330	6,2	2.935	215
	870 [1]			(140)
United States	62.685 [1]	205,5 [2]	4.523	305
Japan	4.577	102,3	1.567	45

Quelle: Afips Report, Statistical Research Program, January 1971, Außer:

[1] Computers — EDP Industry Report, July 27, 1970.
[2] Demographic Trends, OECD, 1966.

Tafel 2 enthält die Zahl der Rechner und die aktive Bevölkerung für die Jahre 1968, 1970, sowie eine Projektion für das Jahr 1975 für die wichtigsten europäischen Länder. Es ist bemerkenswert, daß bei einem nur leichten Ansteigen der tätigen Bevölkerung von 1970 bis 1975 die Projektion für den Anstieg der Rechner-Systeme sehr steil in die Höhe geht. Besonders auffällig sind die sehr starken Zuwachsraten, die das amerikanische Department of Commerce, das die Rechner-Zahlen berechnet hat, für England und Italien annimmt.

Die Zuwachsraten für Frankreich und Deutschland sind ungefähr gleich; in 5 Jahren rechnet man mit einer Verdreifachung des Rechnerbestandes in diesen Ländern, während für England mit

Europa

Tafel 2. *Zahl der Rechner und aktive Bevölkerung*

	1968	1970	1975
Germany			
Computers [1]	3,863	6,400	17,100
Work. Pop.	25,865	26,740	26,981
Austria			
Computers [2]		440	850
Work. Pop.		3,177	3,220
France			
Computers [3]	3,220	4,731	15,913
Work. Pop.	19,741	21,326	22,367
Netherlands			
Computers [4]	1,000	1150 OR 1350	2300 OR 5450
Work. Pop.	4,428	4,783	4,999
United Kingdom			
Computers [5]	3,088	4,853	25503 OR 32313
Work. Pop.	24,884	26,177	26,237
Switzerland			
Computers [6]	730	1330 OR 870	
Work. Pop.	2,322	2,364	
Italy			
Computers (1970) [7]	1,750	3300—3800	9500—12500
Work. Pop. (1970) [8]	18,874	19,534	n. a.

Quellen: — 1968, OECD Observer, February 1969.
Working Population — 1970 & 1975 as well as Switzerland.
(Millions) — Demographic Trends, OECD, 1966.

Computers:

[1] World Markets for U.S. Exports, Dept. of Commerce.

[2] World Markets for U.S. Exports, Dept. of Commerce.

[3] BIPE — COPEP Estimates.

[4] Working Party on „Quantitative Studies" of the Advisory Commission for Staff Problems, Min. of Int. and Others.

[5] 1968 Estimates of „Informatique et Gestion" No. 20, Aug./Sept. 1970, pp. 3. — 1970 and 1975 Estimates of J. D. Humphries, „Future Staff Needs" in „NCC Newsletter", No. 19, Feb./March 1970, pp. 12—13.

[6] Estimates of Institute for Automation and Operation Research of the University of Fribourg. — Computers — Estimates of EDP Industry report, July 27, 1970.

[7] Estimates of Aica.

[8] Economic Survey, Italy, July 1970, OECD.

einer Verfünffachung des Bestandes und in Italien mit einer Ver-
vierfachung des Bestandes gerechnet wird. Für Österreich wird mit
einer Verdoppelung des Bestandes gerechnet.

Tafel 3. *Zahl der installierten Rechner*
bezogen auf Bruttosozialprodukt
(in Milliarden $)

	1966	1969	Jährliche Zuwachsrate in %
Germany	23,0	39,2	19,2
Austria	n. a.	35,2	—
Belg./Lux.	16,5	55,0	49,5
France	15,3	34,4	31,0
Italy	18,7	28,0	14,4
Netherlands	19,8	48,7	35,0
United Kingdom	18,8	39,5	28,0
Sweden	16,4	21,0 *)	8,6
Switzerland	25,5	73,0	42,0
		47,8	23,5
United States	38,3	67,3	20,5
Japan	21,5	27,5	8,6

*) Central Installations, 1968.

Quellen:
1966 — Technological Gap — Electronic Computers OECD, 1969.
1969 — Estimates Mainly Based on Data From AFIPS Report,
Statistical Research Program, January 1971.
Switzerland
1969 — 1330 Computers — Institute for Automation and Operations
Research of the University of Fribourg.
870 Computers — EDP Industry Report, July 27, 1970.

Tafel 3 enthält die Zahl der installierten Rechner bezogen auf
das Bruttosozialprodukt (in Milliarden Dollar) für die Jahre 1966
bis 1969. Wie nicht anders zu erwarten, ist diese Kennzahl für 1969
für die USA am höchsten, gefolgt von der Schweiz. Für die größeren
europäischen Länder liegt sie zwischen 34 und 39 Rechner pro
Milliarde Dollar Bruttosozialprodukt. Was die Zuwachsraten der
drei Jahre anbetrifft, so ist sie für Belgien/Luxembourg mit 49,5%

am höchsten, gefolgt von der Schweiz (wenn man die größere Zahl der installierten Computer als wahrscheinlich annimmt); auffallend sind die verhältnismäßig geringen Zuwachsraten von Deutschland (19,2%), Schweden (8,6%) und Japan (8,6%), die mit der allgemeinen Einschätzung der Informatiklage in diesen Ländern nicht recht in

Tafel 4. *Zahl der Rechner*
bezogen auf Million der aktiven Bevölkerung

	1966	1968	1970	1975
Germany	100,9	143,9	239,3	633,7
Austria	n. a.	n. a.	138,5	264,0
Belgium	79,6	n. a.	n. a.	n. a.
France	76,4	163,1	221,8	711,4
Netherlands	89,3	225,8	240—282 [1]	460— 900 [1]
United Kingdom	64,8	149,3	185,4	972—1231 [2]
Switzerland	138,7	314,4	562,6	n. a.
			368,0 [3]	
Italy	57,9	92,7		
	82,2 [4]	146,8 [4]	262,8 [4]	853,9 [4]
United States	475,0 [4]	762,9 [4]	1095,0 [4]	1647,5 [4]
	361,2			(1974)
Japan	21,5	n. a.	n. a.	n. a.

[1] For the first estimates the annual growth rate of 15% during all the period 1970—1975 has been considered. For the second estimates the annual growth rate varies: 35% up to 1973, 31% for 1974 and 24% for 1975.

[2] For these estimates two annual growth rates were considered for the period 1970—1975: 25% and 30%.

[3] Estimates based on 1330 and 870 computers.

[4] Estimates made by AICA on the number of computers by million of working population, agriculture, hunting and fishing excluded.

Einklang zu bringen sind. Hingegen haben Frankreich, die Niederlande und auch England relativ hohe Zuwachsraten, höher auch als die USA (20,5%). Es muß nochmals betont werden, daß die internationale Vergleichbarkeit des vorhandenen Zahlenmaterials zu wünschen übrig läßt.

Tafel 4 enthält die Zahl der Rechner bezogen auf Millionen der tätigen Bevölkerung. Im Unterschied zu Tafel 2 soll in dieser Tafel eine Zeitserie zwischen 1966 und 1975 gezeigt werden. Natürlich liegen auch in dieser Beziehung die USA weit an der Spitze. Im Schnitt lag für europäische Länder die Zahl der installierten Rechner pro Million der tätigen Bevölkerung zwischen 220 und 240 für 1970, etwas darüber für die Schweiz, etwas darunter für die Niederlande. Die Zahlen für Italien sind mit den anderen Zahlen nicht vergleichbar, da der in Italien besonders hohe Anteil der landwirtschaftlichen Bevölkerung nicht berücksichtigt wurde.

Tafel 5 enthält einige Vorausschätzungen über die Marktgröße für *Hardware* im Rechnerbereich bis zum Jahre 1974. Nach Berechnungen des amerikanischen Handelsministeriums liegen die jähr-

Tafel 5. *Zunahme der Rechnersysteme 1970—1974*
(EDV-Ausrüstung — Hardware)

	Marktgröße Vorausschätzungen *) (Millionen $)		Durchschnittl. jährliche Zuwachsrate %
	1970	1974	
Japan	805	2,213	28,5
Germany	568	1,150	19,3
France	418	896	21,0
United Kingdom	405	970	24,3
Canada	175	360	19,8
Italy	112	231	19,9
Sweden	66	134	19,4
The Netherlands	45	79	15,1
Belgium	38	91	24,3
Denmark	33	66	19,0
Spain	32	67	20,5
Switzerland	28	57	19,4
Yugoslavia	20	46	23,5
Norway	12	25	20,4
Finnland	11	21	17,5
Austria	5	9	15,8
Total (Free World without The U.S.)	2,887	6,656	23,8

Quelle:
    Estimates contained in AFIPS Report, Statistical Research Program, January, 1971, pp. 2, 13.

*) Production + Imports — Exports = Net purchases.

lichen Zuwachsraten zwischen 1970 und 1974 bei 28,5% für Japan (die höchste Zuwachsrate von allen angeführten Ländern), im Schnitt zwischen 19 und 20% für europäische Länder, wobei sie für England und Belgien mit 24%, für Österreich und die Niederlande mit 15 bis 16% angenommen werden. Die USA sind in der Tafel nicht berücksichtigt, aber in anderen Studien wird mit einer durchschnittlichen Zuwachsrate von etwa 14,3% pro Jahr gerechnet zwischen 1970 und 1980 [2].

Tafel 6 schließlich enthält einige Angaben und Vorhersagen über den Bedarf und die Ausbildung von Datenverarbeitungs-Fachkräften. Hier sind die Differenzen zwischen den einzelnen Ländern, die Methoden der Vorhersagen etc. am größten, die Aussagekraft dieser Tafel ist daher nur sehr bescheiden. Während für Frankreich, England und Japan die Gesamtzahl der DV-Fachkräfte für 1975 zwischen 180.000 bis 235.000 geschätzt wird, würde sie für ein Land wie die Bundesrepublik Deutschland nur bei 75.000 liegen. Dies steht im Widerspruch zu den Zuwachsraten, die für die Rechnersysteme angenommen werden. Für die USA wird mit einer Zunahme bis 1975 auf 900.000 Fachkräfte gerechnet, was eine Verdoppelung des Fachkräftebestandes seit 1968 darstellen würde. Auch in dieser Tafel dürften die Zahlen für Italien viel zu hoch gegriffen sein. Ebenfalls ist nicht einzusehen, warum Frankreich 1969 70.000 DV-Fachkräfte gehabt haben soll und die Bundesrepublik Deutschland 1968 nur 31.000, bei einer größeren Zahl an installierten Rechnern.

Alle diese Tafeln lassen erkennen, wie ungenau die vorhandenen Zahlen auf dem Gebiet der Ausbildung der DV-Fachkräfte sind. Die OECD hat seit zwei Jahren versucht, einheitliche Erhebungen über die EDV-Anwendung in den verschiedenen OECD-Mitgliedsländern anzuregen. Diese Bemühungen sind auf Grund der erheblichen Kosten, die mit solchen Erhebungen verbunden sind, nur teilweise erfolgreich gewesen; die Bundesrepublik Deutschland, Japan, Belgien, Spanien und Irland führen die Erhebungen nach dem OECD-Fragebogen durch, andere Länder erwägen, sich später anzuschließen. Jedes Land dürfte ein großes Interesse daran haben, gutes statistisches Zahlenmaterial zu besitzen, das die Entwicklung dieser für alle Industrieländer so wichtigen Branche dokumentiert; die Initiative der OECD hat dazu noch den Vorteil, daß die einzelnen nationalen Erhebungen international vergleichbar gemacht werden können.

Tafel 6. *Schätzungen und Vorhersagen über den Bedarf und die Ausbildung von Datenverarbeitungsfachkräften*

	Managers & systems analysts	Pro-grammers	Operators	Total
Germany [1]				
1968	8,280	12,555	10,515	31,350
1975	21,675	28,110	25,280	75,065
France [2]				
1969	14,000	21,000	35,000	70,000
1975	52,800	61,200	67,000	181,000
Italy [3]				
1970 m	13,500	7,250	n. c.	20,750
M	15,600	8,400		24,000
1975 m	39,500	24,300	36,000	63,800
M	51,100	31,400		82,500
Netherlands [4]				
1968 m	2,650	4,760	3,050	10,370
M	9,100	13,800	8,100	31,000
1975	22,000	33,600	19,400	75,000
United Kingdom [5]				
1970 m	3,600	5,800	4,300	13,700 *)
M	4,100	6,500	4,900	15,500
1975 m	40,700	64,600	48,200	153,500
M	54,100	85,900	64,200	204,200
Switzerland [6]				
1970	2,835	4,200	3,465	10,500
1975	5,220	6,760	6,100	18,080
United States [7]				
1968	150,000	175,000	175,000	500,000
1975	300,000	300,000	300,000	900,000
Japan [8]				
1968	7,500	10,240	8,750	26,490
1975	90,610	106,860	77,920	235,390

*) Staff Requirements for Computer Manufacturers, Software Houses and Consultants are not included.

Quellen:

[1] Diebold GmbH, For I.G. Metall.

[2] BIPE-Copep, April 1970.

[3] AICA.

[4] Advisory Commission for Staff Problems, Ministry of the Interior.

[5] NCC Newsletter No. 19 — Humphries, J. D. February/March 1970.

[6] Z.O.B. Bern.

[7] U.S. Dept. of Labor, Bureau of Labor Statistics.

[8] M.I.T.I. — September 1970.

Die Situation der Informatik-Ausbildung
in den wichtigsten europäischen Ländern

— *England*

England hat eine relativ lange Tradition auf dem Computer-Gebiet; die Förderung der Atomforschung für militärische Zwecke in den Nachkriegsjahren hat eine frühe Entwicklung von relativ großen Computer-Systemen mit sich gebracht, was auch auf die Ausbildung an Universitäten Auswirkungen hatte. Trotzdem ist es im Moment schwierig, sich einen guten Überblick über die derzeitige Ausbildungssituation zu verschaffen. Etliche Studien sind in Vorbereitung. Im Sinne der Informatik-Ausbildung an Hochschulen kann man zwei Niveaus unterscheiden[3]: das erste ist das Niveau der sogenannten „first degrees", d. h. Bachelor of Sciences von Universitäten und die Ausbildung in den Colleges of Technology. Die Ausbildung an den letzteren wird durch den Council for Academic Awards in allgemeinen Richtlinien bestimmt. An etwa elf Universitäten waren 1970 ungefähr 100 Studenten speziell im Informatik-Studium eingeschrieben. An ungefähr 8 bis 10 Colleges of Technology studierten 1966/67 213 Studenten; es kann damit gerechnet werden, daß es 1970 etwa 300 sind.

Die „higher degrees" in Informatik mit dem Abschlußdiplom des Master of Science werden an ca. 15 Universitäten angeboten. 1966/67 studierten etwa 200 bis 250 Studenten auf diesem Niveau. Insgesamt kann bis 1970 eine jährliche Ausbildung von etwa 1.200 Vollinformatikern erwartet werden, wovon ein guter Teil auf system design ausgerichtet ist.

Was die Entwicklung der Lehrpläne angeht, kann man folgende Tendenzen feststellen[4]:

In den first-degree Kursen haben sich zwei Hauptrichtungen ergeben:

— die eine ist mathematisch orientiert mit Betonung von mathematischer Logik, Topologie, Graph. Theory, Combinatorics, Matrix Algebra und Functional Analysis und wird für zukünftige System-Programmierer besonders attraktiv sein;

— die zweite, mehr für den Systems Designer bestimmt, wird Schwerpunkte auf dem Gebiet der „theory of economic or engineering systems" haben und mehr das Gebiet der Datenverarbeitung für Wirtschaft und Verwaltung den Studenten erschließen.

Auf dem post-graduate Niveau kann ein Trend weg von der numerischen Analyse und numerischen Techniken hin zur theory of computation, logic design or computers, sowie symbol manipulation festgestellt werden; dazu kommen die Theorie der Computer-Sprachen, Compiler, Datenstrukturen und allgemeine Informationsverarbeitung. (Besonders die Vorlesungspläne von Cambridge, Glasgow und London sind in dieser Richtung ausgerichtet.)

Es zeigt sich, daß, gemessen an der Nachfrage, die Colleges of Technology und die Universitäten allgemein zu wenig Fachleute ausbilden; ein besonders gravierender Nachteil, besonders für die Wirtschaft, ist der Mangel an Ausbildung in den nicht-naturwissenschaftlichen Anwendungen. Es müssen in Zukunft wesentlich größere Anstrengungen in der Ausbildung in Systems Design gemacht werden, verbunden mit Management Training. Hier ist eine Parallele zu den in der Bundesrepublik Deutschland erhobenen Forderungen nach mehr Wirtschafts-Informatik zu sehen.

Die Hauptlast der Ausbildung von Programmierern wird von Computerfirmen und dem National Computing Centre getragen. Die Ausbildung auf diesem Gebiet wird als fast ausreichend angesehen. Mangel besteht in der Ausbildung von System-Spezialisten. Das National Computing Centre hat vier modulare Ausbildungsprogramme entwickelt, die an Fachschulen gelehrt werden. Wichtig in diesem Zusammenhang ist auch die Ausbildung durch private Consultant-Firmen, die jedoch mehr spezielle Kenntnisse vermitteln. Die British Computer Society hat seit 1968 ein System von Fachqualifikationen (Awards) entwickelt, das zu einer Vereinheitlichung der Berufsqualifikationen auf diesem Gebiet führen soll.

— *Frankreich*

In Frankreich sind die Universitäten von Grenoble, Paris und Toulouse Schwerpunkte der Informatik-Forschung und Ausbildung. Daneben sind noch Strasbourg, Nancy und Orsay zu erwähnen [1]. An diesen Universitäten wird eine spezielle Informatik-Ausbildung angeboten, während in den Fachhochschulen des „enseignement technique" der allgemeineren Ausbildung mit Informatik als Zusatzfach der Vorzug gegeben wird. An der jetzigen Universitäts-Ausbildung in Informatik in Frankreich wird kritisiert, daß sie zu sehr

„Calcul scientifique", also zu sehr mathematisch-akademisch orientiert sei. Absolventen mit dieser speziellen Ausbildung haben gewisse Anfangsschwierigkeiten, in der Industrie unterzukommen. In Frankreich sind zur Zeit sogenannte „instituts spécialisés d'informatique" (ISI) in Vorbereitung, die mehr eine sogenannte „informatique de gestion", also Wirtschaftsinformatik vermitteln sollen.

Eine spezielle Informatiker-Ausbildung ohne fachliche Kenntnisse wird als ziemlich risikoreich betrachtet, da Studien in Frankreich ergeben haben, daß die Laufbahn auf dem Gebiet der Informatik als relativ kurz angesehen wird. Eine Untersuchung [5] hat ergeben, daß die Laufbahn-Dauer im Schnitt zehn Jahre beträgt für „analystes d'application" (Anwendungs-Analysten), fünf Jahre für „analystes de conception" (wohl mit Entwurf-Analysten zu übersetzen). Nach der angegebenen Zeit wurde ein Wechsel in andere Gebiete oder in das Management festgestellt, wobei andere Qualifikationen und Kenntnisse benötigt werden.

In Frankreich werden drei Entwicklungs-Schwerpunkte für die Zukunft angestrebt:

— die Ausbildung in einer wissenschaftlichen Disziplin und in Informatik, um Programmierer zu werden. Diese Ausbildung wird vor allen Dingen an den Instituts universitaires de technologie vermittelt werden;

— eine spezialisierte, zahlenmäßig kleinere Ausbildung von System-Analysten und Programmierern;

— die allgemeine Einführung der Ausbildung von Grundzügen der Informatik in den Schulen, da angenommen wird, daß Grundkenntnisse in Informatik in der Zukunft in allen Teilen der Gesellschaft notwendig sein werden.

— *Bundesrepublik Deutschland*

Die Lage in der Bundesrepublik zeichnet sich durch einen einschneidenden Personalmangel auf allen Qualifikationsebenen für System-Analyse, Programmierung und Betrieb aus. Der Gesamtbedarf für 1978 wurde auf 300.000—420.000 Fachkräfte geschätzt [6] (mit Personal für Datenerfassung), wovon $^5/_6$ bei Anwendern und Software-Unternehmen beschäftigt würden, der Rest bei Herstellern. Dieser Bedarf verteilt sich folgendermaßen: ca. 50% DV-Kaufleute oder Fachschul-EDV-Betriebswirte, ca. 33% Hochschulstudium als Informatiker, EDV-Betriebswirt oder Ingenieur der

Datentechnik, Hochschulstudium in einem Anwendungsgebiet der DV mit Aufbaustudium in der Informatik und Lehrer mit Informatik als Lehrfach, ca. 15% Informatik-Assistenten oder Konsol-Operatoren für größere Systeme und ca. 2% Informations-Elektroniker oder Datenverarbeitungstechniker.

Die Bundesregierung hat der Förderung der Informatik-Ausbildung im 2. Datenverarbeitungs-Förderungs-Programm einen wichtigen Platz eingeräumt[7]. Die Prioritäten werden folgendermaßen angegeben:

1. Ausbildung von DV-Personal im nicht-akademischen Bereich;
2. gleichrangig dazu die Ausbildung aller Ingenieure, Wirtschafts- und Sozialwissenschaftler, Naturwissenschaftler, Mediziner mit berufsbezogenen DV-Kenntnissen und Erfahrungen;
3. die spezielle Ausbildung von Informatikern, EDV-Betriebswirten und Ingenieuren der Datentechnik (akademische DV-Berufe).

Es soll hier speziell nur auf Punkt 2 und 3 eingegangen werden. Vor allen Dingen soll in Hochschulen und Universitäten eine ausreichende Zahl an Rechnern bereitgestellt werden, um praktische Arbeit am Rechner zu ermöglichen. Es wird geschätzt, daß zur Anpassung des Bestandes an den Hochschulen an den steigenden Rechnerbedarf für Kauf und Wartung ein Bedarf von etwa 1,7 Milliarden DM für 1971 bis 1975 besteht.

Praxisorientierte DV-Vorlesungen sollen in die Vorlesungspläne der verschiedenen Studienrichtungen eingebaut werden. Die Datenverarbeitung soll ebenfalls in die Prüfungspläne als gleichberechtigtes Neben- oder Wahlfach aufgenommen werden. Zur Förderung des Studiums in Informatik-Fachbereichen soll das Forschungsprogramm Informatik auf Gruppen erweitert werden, die aus anderen Fachbereichen gebildet werden und sich mit fachbezogenen Anwendungen der DV beschäftigen. Das überregionale Forschungsprogramm Informatik sieht die gemeinsame Finanzierung von 80 bis 100 Forschungsgruppen mit insgesamt 900 bis 1.200 Mitarbeitern in etwa 15 Hochschulen durch Bund und Länder vor. Die Gesamtkosten des Programms bis 1975 werden auf etwa 300 Millionen DM geschätzt.

75% bis 80% der Forschungsgruppen sind für Fragen der Computer-Sprachen, Betriebssysteme, Rechner-Organisation, Informationsverwaltung, Schaltwerke und dergleichen, nur 20 bis 25% für grundlegende Fragen der DV-Anwendung vorgesehen.

In der Bundesrepublik besteht ein besonders großer Mangel an Hochschullehrern für die Datenverarbeitung. Diesem Mangel soll durch Maßnahmen zur Fortbildung des Nachwuchses und zur Gewinnung von Fachkräften aus dem Ausland entgegengewirkt werden. Derzeit sind in der BRD etwa 30 bis 40 Wissenschaftler für Informatik-Lehrstühle verfügbar. Für einen dem Bedarf entsprechenden Ausbau muß diese Zahl mindestens verdreifacht werden.

Im Sommersemester 1970 waren an 7 Hochschulen knapp 1.100 Studenten für das Fach Informatik eingeschrieben [8]. Zum Wintersemester 1970/71 war eine Immatrikulation für diesen Studiengang an 10 Hochschulen möglich. Es wird damit gerechnet, daß sich zum Wintersemester 1970/71 etwa 1.600 Studenten für das Fach Informatik eingeschrieben haben.

— *Italien*

Bis jetzt gibt es ein reines Informatik-Studium nur an der Universität Pisa; bald wird dies auch in Bari, Turin und Bologna möglich sein. An anderen 21 Universitäten werden Einzelkurse in Informatik vermittelt. Auf energisches Drängen der italienischen Industrie hin wurde von der AICA (Associazione italiana calcolo automatico) 1969 eine umfangreiche Studie [9] über den Bedarf an Informatik-Fachkräften bis 1980 veröffentlicht, die jährlich ergänzt wird. Von staatlicher Seite wurde bisher wenig für die Ausbildungsförderung auf dem Gebiet der Informatik in Italien getan; allerdings hat es den Anschein, daß hier bald ein Wandel eintreten wird.

In Italien wurde berechnet, daß ein Minimumprogramm für die Ausbildung von Informatik-Spezialisten bis zum Jahre 1975 über 20 Millionen Dollar kosten würde [10]. Von dem Gruppo per l'Informatica des Forschungs- und Technologie-Ministeriums wurde auch schon ein Plan ausgearbeitet, der eine Strategie für ein crash-Programm bis 1975 darstellt. Bis 1980 wird mit einem Bedarf an DV-Fachleuten von 113.000 bis 135.000 gerechnet, was einer Ausbildungsleistung von insgesamt 140.000 bis 200.00 Fachleuten entsprechen würde, wenn man die hohe Abwanderungsquote in andere Bereiche berücksichtigt. Hiervon wären 40.000 bis 56.000 Hochschulabsolventen und 100.000 bis 140.000 Fachschul-Absolventen.

90% aller in Italien installierten Computer waren für wirtschaftliche Zwecke eingesetzt; das ist einer der Gründe, warum man auch in Italien auf den akuten Mangel an Wirtschafts-Informatikern hinweist und die Forderung nach einem speziellen Studienzweig erhebt.

Abschließend wäre noch auf die Bestrebungen hinzuweisen, die in den Niederlanden und in gewissem Ausmaß auch in Dänemark vorhanden sind, wo man ein modulares System der Informatik-Ausbildung aufgestellt hat [11] [12].

Solch ein System soll gewährleisten, daß die Ausbildung von privaten und öffentlichen Stellen, von Herstellern und Universität und Fachschulen als ein einheitliches Ganzes gesehen wird, was vor allem im Hinblick auf die Aufbau- und Auffrischungskurse von großer Wichtigkeit auf diesem Gebiet erscheint.

Zusammenfassend kann man die Lage der Informatik-Ausbildung in Europa dahin charakterisieren, daß ein sehr großer Bedarf an ausgebildeten Fachkräften besteht. Der Mangel an qualifizierten Fachleuten ist in allen europäischen Ländern groß, was zum Teil erhebliche Verzerrungen in der Lohn- und Gehaltsstruktur dieser Branche nach sich zieht. In fast allen europäischen Ländern sind Informatiker und DV-Fachleute in der Regel bis zu 20% besser bezahlt als in anderen gut bezahlenden Industriezweigen.

Außerdem kann man feststellen, daß sich die Informatik als selbständige Wissenschaft etabliert hat. Verschiedene europäische Länder sind dabei, Studiengänge der Informatik an Hochschulen und Universitäten zu vervollkommnen, sei es als Spezialausbildung sei es als wichtiges Fach bei anderen Disziplinen. Es muß festgestellt werden, daß in allen europäischen Ländern ein akuter Lehrermangel in diesem Fachgebiet auf allen Ebenen herrscht, besonders jedoch bei Hochschullehrern. Um die Probleme der Ausbildung optimal zu lösen, müssen Anstrengungen gemacht werden, die Ausbildung von Herstellern, privaten Schulen, staatlichen Fachschulen, Universitäten, in Hochschulen zu koordinieren. Hierbei ist es besonders interessant, die Bemühungen, die in den Niederlanden und Dänemark stattfinden, zu verfolgen.

Es ist klar, daß für die Zukunft der hochindustrialisierten Länder (wie auch der Entwicklungsländer) die Informatik eine entscheidende Bedeutung hat. Die europäische Leistung auf diesem Gebiet ist noch ungenügend, wenn man sie mit der der USA und in zunehmendem Maße auch der Japans vergleicht. Trotzdem muß darauf hingewiesen werden, daß in den USA zur Zeit Schwierigkeiten bestehen bei dem Einsatz von gewissen Kategorien von Programmierern, besonders die der sogenannten ersten Generation, also solche, die noch die Pionierzeit der Computer-Anwendung mitgemacht haben. Auf diesem Gebiet ist heute in zunehmendem Maße ein guter fachlicher Qualifikationsnachweis erforderlich, was gleichbedeutend ist mit einer besseren staatlichen Regelung der Prüfungen.

Auf dem Gebiet der Rechneranwendung ist die Zeit des Wilden Westens eindeutig vorbei und geregelte, solides und geordnetes Fachwissen voraussetzende Berufsqualifikationen werden zunehmend gefragt. Diese Tendenz ist sehr zu begrüßen, da es notwendig ist, wie in anderen Gebieten auch in der Informatik klare Abgrenzungen im Berufsbild zu schaffen — besonders in diesem Fach, in dem die stürmische Entwicklung eine immer weiter fortschreitende Spezialisierung erforderlich machen wird.

Quellenangaben

[1] „Réflexion sur l'état et les perspectives de formation à l'informatique, vis-à-vis de la réalité des besoins. „Commission de l'Education du VIe Plan, Septembre 1970.

[2] UK Computer Industry Trends 1970 to 1980. Hoskyns Group Ltd., October 1969.

[3] Buckingham, R. A.: „Review of recent developments in computer education." In: British Computer Society, Annual Education Review, 1967.

[4] „Survey of Computer Science." In: British Computer Society, Annual Education Review, 1967.

[5] „Les besoins en informaticiens 1970—1975." Studie der B.I.P.E. für die Commission Permanente de l'Electronique du Plan (COPEP), Paris, April 1970.

[6] Studie des ad-hoc Ausschusses des Fachbeirats für Datenverarbeitung der Bundesregierung.

[7] 2. Datenverarbeitungs-Programm der Bundesregierung 1971—1975.

[8] „Studium der Informatik an deutchen Hochschulen." In: Informationen, Bildung, Wissenschaft, Nr. 1, 1971, 21. Januar 1971.

[9] „La preparazione del personale per l'elaborazione elettronica dei dati in Italia." 2. Bericht der AICA Arbeitsgruppe, Vol. I—III, October 1969.

[10] „La formazione del personale in informatica", Gruppo per l'Informatica, Ministero Recerca Scientifica e Technologica, Rom, Januar 1971.

[11] Schinkel, A.: „Modular structure for education on informatics in the Netherlands" IFIP World Conference on Computer Education, 1970, Amsterdam, part 2: Education about Computers. S. 123.

[12] Andersen, Chr.: „A modular set of courses in systems work developed by the Danish EDP Council." In: IFIP World Conference on Computer Education, 1970, Amsterdam, part 2: Education about Computers.

William F. *Atchison* *

Computer Science in the U. S. A.

1. Introduction

Computer Science is now accepted as a seperate discipline in the U. S. Back in 1963 when Gorn [1] wrote his article on the computer and information sciences as a new basic discipline, there was still considerable controversy as to whether there was such a science but this controversy has died down. Some applied mathematicians asserted that most of this new area was really part of their domain. Obviously many electrical engineers claimed a good portion of the subject matter. Several other fields claimed smaller portions of the new area emerging around computers. It can also be said that computer science is itself now contributing to a very wide variety of other disciplines — in fact most other fields now find the computer and the methods of computer sience indispensible to the development of both their research and in fact, the education of the personnel in the field. See Gorn [2]. Thus computer science is in fact now fulfilling the same type of role that is played by other sciences.

2. Several Views of Computer Science

One of the earliest definitions of computer science was given in 1961 by Fein [3]. He coined the word Synnoetics for the computer-related sciences and spoke of what we now call computer science as a branch of Synnoetics. His synnoetics definition follows: „Synnoetics is the science treating of the properties of composite systems — consisting of configurations of people, mechanisms, plant or animal organisms, and automata — whose main attribute is that its ability to invent, to create, and to reason — its „mental" power — is usually greater than the „mental" power of its components." He then said

---

* William F. *Atchison:* Professor Director, Computer Science Center University of Maryland, USA.

that „Since analog and digital computers are but one species of automata, *One Branch of Synnoetics is the Theory and Practice of the Design, Programming, and Application of Computers. This Branch is Called the Computer Sciences“*. This still is a relatively good definition of computer sicence.

Computer science has been defined as „*The Art and Science of Representing and Processing Information and in Particular Processing Information with the Logical Engines Called Automatic Digital Computers*“ by Forsythe [4].

Newell, Perlis and Simon in [5] say that as „Botany is the study of plants and Zoology is the study of animals, so is *Computer Science The Study of Computers*“.

Although the term computer sicence is the most broadly used there are a few notable exceptions. One other term commonly used is *Information Science.* Two definitions of Information Science are included. One from the Univerity of Chicago [6] is as follows: „*The Information Sciences Deal with the Body of Knowledge that Relates to the Structure, Origination, Transmission, and Transformation of Information* — in both naturally existing and artificial systems. This includes the investigation of information representation, as in the genetic code or in codes for efficient message transmission, and the study of information processing devices and techniques, such as computers and their programming systems“. A closely related definition of Information Science that comes from the Georgia Institute of Technology [7] is as follows: „*Information Science is a Field of Study and Research Concerned with the Nature and Properties of Information, and with the Laws Governing its Generation, Organization, Transformation, Transmission and Utilization.* Information engineering, as a field of professional practice and applied research, is concerned with the design and operation of advanced information systems, and with applications of information processing techniques and devices“.

In looking at these definitions one sees a common body of ideas embodied in them all. It appears that the crux of the field lies in the *Representation, Structure and Processing of Information.* Also in looking at these definitions it is easy to see that as time goes on there will be the standard problem of applied computer sicence (or information science) versus pure computer science. The applied computer scientists will be more concerned about the practical problems of efficiently getting data (or information) in and out of the computers. The pure computer scientists will probably move further and further from the machine itself and more and more into the theoretical aspects such as the abstract structures of information and the theories of representation and transformation.

Both aspects of computer science should continue to develop. As the information explosion continues, we must be concerned about the practical aspects of efficiently handling this information. Also it is hoped that new theories of the structure of information will be discovered which will enable us to better organize, understand, and finally use this information.

3. Degree Programs in Computer Science

That Computer Science is now well established as a new discipline is attested to by the fact that there exists in many universities and colleges in the world degree programs in Computer Science. In the United States the degrees awarded range from the A. A. (Associate in Arts) degree given by Junior Colleges (two year program), to the B. S. (Bachelor of Science) degree or B. A. (Bachelor of Arts) degree, to the M. S. (Master of Science) degree and finally to the Ph. D. (Doctor of Philosophy) degree. Most of the larger universities in the United States either already have degree programs or are moving toward them. Generally speaking, the larger ones start with advanced degree programs and move to the lower degress, although there are exceptions to this.

Many smaller institutions are also trying to move, if not to B. S. degree programs in computer science, at least to course sequences which give some type of proficiency in computer science. Smaller institutions are however having a hard time getting adequate faculty to staff such courses. With the larger institutions trying desperately to staff advanced degree programs, they are almost completely absorbing for their faculties all the new Ph. D.'s in Computer Science that are coming out from those institutions now offering Ph. D. degrees. Even these larger institutions are finding it hard to get staff since the competition among themselves is so great. This year there are some signs of this situation easing some.

According to a survey conducted by Hamblen [9] in 1966—67 there were the following number of degree programs in the United States:

	Bach.	Masters	Doctorate
Computer Science	31	40	23
Information Science	2	6	6
Totals	33	46	29

These total figures two years earlier were 13, 29 and 16. I would thus very conservatively estimate them to be at least up to 70, 80, and 60 by the present time. In any case, these numbers are clearly scheduled to increase in number very rapidly. The number of B. S. degree programs is not increasing rapidly enough. Many of our Junior Colleges have worked out their two year A. A. degree programs but find that there are no four year degree programs in nearby colleges for their graduating students. This is a real problem for them because it means a loss of college credits since their computer science credits are not acceptable by other departments such as mathematics. Their problem is also compounded by the fact that most of the A. A. degree programs are in data processing. (In 1966—67 there were 122 data processing programs versus 7 computer science programs). Thus there is a clear need for more college degree programs in the business or data processing area.

In 1967 at a Conference on Academic and Related Research Programs in Computer Science [10] it was estimated that within ten years departments of computer science would be as large as mathematics departments in the United States. It is perhaps too early to say positively that this prediction will come true, but there is now considerable evidence to indicate the high probability of this coming true. One major university which has a seperate computer science department in a division of mathematical science has a larger enrollment in this department than in the other departments in the division. Another major university that offers within its mathematics department a mathematics degree with an option in computing has more students for this option than any other option. At the University of Maryland our graduate program in computer sicence started in the fall of 1967 with only an M. S. option and now with the Ph. D. option having become available this past fall, has over 300 seperate graduate students enrolled. The mathematics department which has been going several years has about 400 graduate students enrolled.

From a few quarters there are still discussions as to whether or not there should be bachelor's degree programs in computer science. The people raising these questions normally argue that it would be better for a college student to get his bachelor's degree in a traditional subject, such as math, physics or electrical engineering, before going ahead for advanced work. There are a number of universities that still have graduate programs only and are still trying to decide whether to have an undergraduate degree program. It is clear that this decision also depends very heavily on the ability to staff an undergraduate degree program. Clearly such a degree program would be very popular and probably require a large outlay for new faculty members. Such faculty members have been hard to obtain, up to this point in time.

The current rapid development of computer education programs of one kind or another at the secondary school level, coupled with the many graduate programs existing in computer science, would appear to dictate the need for a program at the bachelor's level. Otherwise there is a gap in the continuum of computer science education leading to doctoral level work. A number of mathematics departments have filled this gap by having a bachelor's program in mathematics with a major in computer science available. This does have an advantage of giving a strong backround in mathematics as well as a strong knowledge in the computer area. It is of course clear that any bachelor program in computer science should be broad enough to include substantial training in mathematics as well as in other areas.

4. Administrative Location of Computer Science Education Programs

Most of the merging computer science programs have become departmental activities, largely located within the Colleges of Arts and Sciences or its equivalent. This, however, is not a clear pattern since there exists within the U. S. A. many different ways of handling the computer science programs. One of the other methods frequently used is to have a Department of Computer Science located within a division of mathematical sciences. This has the advantage of existing as a separate department and yet at the same time maintaining a closeness to mathematics.

A number of computer science programs are located within Departments of Electrical Engineering. In some instances, Departments of Electrical Engineering have changed their name to Department of Electrical Engineering and Computer Science to indicate their close affiliation with the computer field. Generally speaking these computer science programs are much closer to the hardware side of computer science; whereas, the computer science departments located in Colleges of Arts and Sciences are much closer to the software side of computer science. In a number of instances in the U. S. A. there are institutions having two computer science programs — one located administratively in Arts and Sciences and another located in Engineering.

There is in fact one instance of a Department of Computer Science where the head of that Department reports both to the Dean of the College of Arts and Sciences and to the Dean of Engineering.

In the light of the developments in computer science and the many applications of computers that are emerging, it seems that it would be appropriate to have a separate division or school of computer and information science (or informatics). Such a division could well have a sub-group emphasizing the software aspects of computer science, another group emphasizing the hardware aspects; and still another group emphasizing what might be called the library science aspects of computer science. It is clear that library science itself will have tobe come more and more concerned about the use of computer science in their discipline. Still another sub-group of such a division could be one devoted to what might be called data processing or information systems management. Some have even suggested that a Department of Linguistics could well be included in a division of this type. *It is clear* that there are a number of these areas which are so dependent on information processing that they could well be lumped together in some new administrative complex. It is not clear, however how well such groups of people might be able to live together in such a division. In the U.S.A. there indeed are a number of schools that are seriously looking at their organizational structure and trying to predict what new types of organizations would be best in the light of the changing demands on education.

5. Secondary and Elementary Schools

It is generally true that newly discovered knowledge and information enters the school study curriculum at a relatively high level and slowly in time drifts down into the lower levels. One illustration of this is that high school mathematics students as well as many others are now studying what was just a few years ago in the graduate curriculum. Though the computer science field is very new, this same process is already happening in it. It was not too many years ago that computer programming was taught in the colleges primarily to the graduate students for use in their research work. Now it is not at all uncommon to find computer science courses in the high schools and some programming being done by elementary school children.

With the advent of time sharing and the ability to use remote units such as teletypes and cathrode ray tube display units connected to computers located centrally, one now finds many lower level schools involved in the use of the computer. The widest use is for problem solving in mathematics, business and science courses. This is not the only use however. In addition to the computer science courses referred to above, largely taught at the senior level, there are now a number of high school subjects employing computer assisted instruction (CAI).

Data on what is happening in computer science education at the secondary school level in the U.S.A. is very incomplete. Recently the American Institute for Research completed a survey for the National Science Foundation on what was being done at the secondary school level. This survey indicated that approximately 12% of our public secondary schools are now using computers in their educational programs. All evidence indicates that this trend will continue and expand.

IFIP has a Working Group (WG 3.1), which is a subcommittee of its total computer science education committee (Technical Committee TC 3), assigned to look into the problems of computer science education at the secondary school level. This group meets every year and as frequently as finances will permit. The Committee recently published a booklet entitled „Computer Education in Secondary Schools — An Outline Guide for Teachers". It is already working on a revision of this booklet and is also preparing a much more complete course outline for the secondary school teachers. The amount of interest in the secondary school area displayed at the IFIP World Conference on Computer Science Education held in Amsterdam from August 24 to 28, 1970 was surprisingly great. The Proceedings of this Conference contains a number of papers covering computer education at the secondary and elementary school level. The Proceedings were published by The North Holland Publishing Company, Amsterdam.

The purpose of these brief remarks on computer science and its applications in the secondary and elementary school level is to give evidence of the trends in computer science education. The rapidity of growth of computer science at this level is going to have a profound influence on what will have to be done at the college level.

6. Computer Science Curriculum at the College Level

Curriculum development within colleges and universities has gone a long way toward helping define the field of computer science. In looking at the various curricula developed by colleges and universities, the amount of similarity is surprising. This points up the fact that computer science is moving toward maturity as a full-fledged field. One of the most definitive studies available on computer science curriculum is the work of the Curriculum Committee on Computer Science (known as C^3S) of the Association for Computing Machinery (ACM). The most recent work is contained in the article called *Curriculum* 68, which appeared in the March, 1968 issue of the *Communications of the ACM* [11]. Two earlier articles [12] and [13] give some of the thinking which went into *Curriculum* 68.

Recently one of the major universities, in its proposal to its own faculty for a new Master's Program in Computer Science, devoted a great portion of its discussion to a comparison of its total program in computer science with *Curriculum* 68. This remark is intended to illustrate the fact that *Curriculum* 68 is still used as a norm in establishing computer science degree programs. The current Curriculum Committee on Computer Science of the ACM is, however, now in the process of attempting to revise *Curriculum* 68 in the light of actual experiences. Many schools have now modeled their programs along *Curriculum* 68 and this now offers realistic experiences relative to it.

Curriculum 68 divided computer science into three major areas, listed below, along with their definitions and course topics for each area.

A. Information Structures and Processes: this subject division is concerned with representations and transformations of information structures and with theoretical models for such representations and transformations. Course topics are: data structures, programming languages and models of computation.

B. Information Processing Systems: this subject division is concerned with systems having the ability to transform information. Such systems usually involve the interaction of hardware and software. Course topics are: computer design and organization, translators and interpreters, computer and operating systems and special purpose systems.

C. Methodologies: methodologies are derived from broad areas of applications of computing which have common structures, processes, and techniques. Course topics are: numerical mathematics, data processing and file management, symbol manipulation, text processing, computer graphics, simulation, information retrieval, artificial intelligence, process controll and instructional systems.

There are of course many subject areas closely related to computer science but the report discussed only the area of mathematical science and the physical and engineering sciences.

The same Report in its discussion of Masters Degree Programs listed the areas of concentration as: theoretical comuputer science, applied software, applied hardware, numerical mathematics, instrumentation and information systems. These areas of concentration may be considered somewhat arbitrary but in fact they were the result of the discussion by representatives from many different colleges and universities. Thus they do present a good average of what is happening. As another illustration, the University of Maryland in its recently started (September, 1969) Ph. D. Program in Computer Science, listed as the primary areas of specialization: theory and metatheory, information processing, computer systems, numerical methods and applications. Needless to say, the particular areas of specialization at any given university will be somewhat a function of the faculty of that university. It is easy to see however that there is a fairly comon core present in most of these programs.

One of the controversial issues still being discussed in many circles is the amount of mathematics that is really needed in a program in computer science. The philosophy of C³S in the development of *Curriculum* 68 was that, roughly speaking, the same amount of

44

mathematics would be needed for computer science, as was needed in the science and engineering curriculum, such as physics, chemistry, electrical engineering and so on. Thus, C³S recommended at least one good mathematics course beyond the calculus sequence in the undergraduate program. This also is the amount of mathematics required prior to acceptance into most Master's programs in computer science. This approach is generally accepted by people with science and engineering backgrounds. There are, however, a number of people who are insisting that this much mathematics is not needed. What will probably happen will be that a new curriculum will be developed at some colleges and universities which actually does require less mathematics.

There is also a genuine need for the development of College curriculum in the computer area to meet the needs of business people. Most certainly more computers are being used in business now than are being used for science and engineering purposes. Thus, the need for a B. S. or A. B. program in „Data Processing" is acute. Such a program would solve the problem indicated earlier by the fact that most A. A. degree graduates have no place to go.

Concluding Comments

It appears now safe to say that as computers are clearly here to stay, so is computer science as a new discipline. Computers are playing such an integral role in all aspects of research, education and society in general, that it is essential that the discipline associated with them receive very careful study and attention by a body of outstanding scholars. There is too much at stake to do otherwise.

New theoretical and practical developments in the areas of representation, structure, and processing of information can contribute significantly to the advancement of society. As one illustration, the development of the area of computer science usually known as information storage and retieval gives great promise in handling our mounting information problem. This was highlighted in the IFIP 1962 Congress when a world-wide network of computers was alluded to. We are not there yet, but we are closer. The outlook is very encouraging. Maybe by IFIP 1974 we will be able to report real progress. Similarly the area of computer aided instruction which has gone through many struggles and still is struggling, is making many strides and showing real progress. Again by 1974 there should be a significant change. The work of people such as you who are attending this Seminar will bring about the needed changes.

References

[1] S. Gorn, The Computer and Information Sciences: A New Basic Discipline, SIAM Review, vol. 5, no. 2 (1963), pp. 150—155.

[2] S. Gorn, The Computer and Information Sciences and The Community of Disciplines, Behavioral Science, vol. 12, no. 6 (1967), pp. 443—452.

[3] L. Fein, The Computer-Related Sciences (Synnoetics) at a University in The Year 1975, American Scientist, vol. 49, no. 2 (1961), pp. 149—168.

[4] G. E. Forsythe, A University's Educational Program in Computer Science, Communications of the ACM, vol. 10, no. 1 (1967), pp. 3—11.

[5] A. Newell, A. J. Perlis and H. A. Simon, What is Computer Science, letter, Science, vol. 157 (1967), pp. 1373—1374.

[6] University of Chicago. Graduate Programs in the Divisions. Announcements 1966—1967, pp. 175—177.

[7] Georgia Institute of Technology, Graduate Catalogue and Announcements, 1968—69, pp. 108—113.

[8] G. E. Forsythe, Computer Science and Education, IFIP Congress 68, Invited Papers, pp. 92—106.

[9] J. W. Hamblen, Inventory of Computers in U.S. Higher Education, Their Utilization and Related Degree Programs for 1966—67, Southern Regional Education Board, Atlanta, Georgia, 30313, approx. 85 pp.

[10] Aaron Finerman (ed.), University Education in Computing Science, Academic Press, New York and London, 1968, 237 pp.

[11] Association for Computing Machinery (ACM), Curriculum Committee on Computer Science (C³S), Curriculum 68; Recommendations for Academic Programs in Computer Science, Communications of the ACM vol. 11, no. 3 (1968), pp. 151—197.

[12] ACM, C³S, An Undergraduate Program in Computer Science — Preliminary Recommendations, Communications of The ACM vol. 8, no. 9, 1965, pp. 543—552.

[13] ACM, Computer Science Curriculum, Communications of The ACM vol. 7, no. 4 (1964), pp. 205—231 (This is a series of articles by T. A. Keenan, A. J. Perlis, B. W. Arden, G. E. Forsythe, R. R. Korfhage, S. Gorn, D. E. Muller, W. F. Atchison, and J. W. Hamblen, and J. D. Sterling and others.

J. G. L a s k i *

Informatiks as a Science, or the Science of Informatiks

Q. 1. Is there a Science of Informatiks?
Q. 2. What is the Science of Informatiks?
Q. 3. Who needs a Science of Informatiks?
Q. 4. How do we teach the Science of Informatiks?

—

There exists a tradition among programmers that you give them a specification to work to and what they first, do before writing a program, before providing an implementation, is just to tell you that your specification is incorrect and without any meaning which can usefully be programmed; they therefore write another specification and work to this. Since before I began to teach computing I actually wrote programs, I am going back to my tradition as a programmer and allowing myself to change the title of my talk. I was asked to speak on Informatiks as a Science and I am not able to speak on that subject because informatiks is not a science. The title which I wish to speak on is „The Science of Informatiks", because it seems to me that there is informatiks activity, and there is a science that examines, explains, discusses, does whatever science does to some subject matter, with informatiks as its subject matter. There are four questions to which I wish to address myself.

I shall begin by giving cynical or frivolous answers to them and then try to give answers which will be incomplete, which will only be suggestive, which therefore are real answers.

My first question is „is there a science of informatiks?" or is it merely that one has dignified technology by describing it as a science, in order to persuade governments and administrations to give one money and in order that those who are practising informatiks

---

* J. G. *Laski:* Dr., Reader in the Computing Centre, University of Essex, Great Britain.

may join the tradition of respectability, of legitimisation, that the scientific community has taken to itself ever since the Renaissance?

I am going to assume that, in fact, there is a science of informatiks and I must assume this in order to ask my next three questions. For, if the reason were to be no, then all I should do is sit down. Assuming that there is a science of informatiks the next question that I must ask is: „what is the science of informatiks?" — in the sense of how do we recognise some activity people are engaged in and say, „Ah, there is somebody who is engaged in the science of informatiks"? Again I will give a cynical answer. One looks at the label on the door of the professor or at the title of the journal in which the publication occurs, and by reference to the fact that there, within the academic tradition, either among the community of scholars within the university or in the wider community of the literature, it has been called the science of informatiks, one assumes that, because it appears upon the label, whether it is merely a fairy tale or not, Informatiks is what it is. I think that if one looks at some of what appears in the journals and some of what people with that title on the door do, one will agree that there exist in this subject fairy tales and fantasies.

My third question is „who needs a science of information?" I want to suggest certain people who do not want a science of informatiks and those are the people who are engaged, in industry and in commerce, in using the tools that they already have, who are quite capable of solving problems, who are aware that there might be problems they cannot solve but who have so much investment in methods, in ideas, in authority, that they do not wish to have the scientist appear and change the understanding of the subject in which they are quite sucessful already.

My fourth question is: „How do people acquire the science of informatiks?" — assuming that they do? As somebody who has attempted to teach what I regard as a science of informatiks, my experience is perhaps best summed up in the proverb, „You can bring a horse to water, but you cannot make him drink." Unless people wish to acquire a knowledge of the science of informatiks, however much you give lectures and discussions, however much you ask them to read books, they will go through the motions, they may even be able to remember enough to answer examination questions, but they will not take, as part of their understanding and part of the tools with which they deal with informatiks problems, that scientific understanding that you would wish them to have.

I said that I would start with some cynical answers to these questions and these are they: pessimistic and cynical answers. But I now wish to be more optimistic, more tentative, less exact and more idealistic because unless one is just a little idealistic one is never able to have any subject development.

„Is there a science of informatiks?“ Well, there are two questions that must be answered, or two definitions that must be made, before we can possibly say whether or not there is a science of informatiks. The first question is what is informatiks? and I do not wish to give an exact answer. It is something to do with controlling and managing the processing of information, whether with a computing engine or without. The only thing is that computing engines just give one more power, more exactness, less goodwill than human beings. But the more important question is, what is science? What kind of activity can we give this very honorific word „science“? It gives me very much pleasure to be speaking in Vienna because the philosopher who has given most understanding to me of what this problem is about moved from Vienna to England. He was not a member of the Vienna circle; it was a later philosopher, Professor Sir Karl Popper, who here in Vienna wrote his first book, „The Logic of Scientific Discovery“ and in England has recently published „Conjectures and Refutations“. His thesis is that scientific activity consists of formulating theories, and a good theory is a theory that it is easy to reject, where there are many ways of testing the theory and seeing if it is invalid. A good theory is a bold theory and a good theory explains and orders a large number of phenomena in the area that it is concerned with. Now Popper is discussing pure science. I have some disbelief in the existence of pure science; I believe that there is only applied science, that we formulate these theories that may be refutable because we wish to use them for understanding, for design, for control, for power, for our personal ability to deal with the phenomena with which we are concerned. Now it seems to me that what one wishes from a science of informatiks is a method of understanding from which one can design systems within informatiks and in terms of which one can judge the relevance, the acceptability, the usefulness, the interest, the value of work in informatiks.

One wishes to have theories and a science of informatiks for design and for judgement. My conclusion from this is that I answer my first questions — „does there exist a science of informatiks?" — that if a science of informatiks did not exist, it would be necessary to invent it. In fact I believe that there exist fragments of the science of informatiks. It is very pleasant when. I am here in Vienna to think that, from work that began in England and the United States, there has been under Professor Zemanek a practical flowering, here in Vienna, of methods of understanding the meaning of a programming language, which has been of use and value both to people who are attempting to use this language and to people who are attempting to provide the facilities that this language design has suggested. It was to me an enormous pleasure when I visited a company other than I. B. M. and they said, „When we are implementing the language PL/1 we look at the Vienna telephone book." (The Vienna telephone book, let me explain, is a joke; there is a very long description, a very thick description in formal logic of the meaning of the language PL/1, and for those of us who look at it and say, „here is some very dense and very large material that we are frightened to read", we call it the Vienna telephone book).

So there exists, I would claim, some work in two areas of problems of informatiks. The first is the area of the syntax of languages which has enabled people to write efficient compilers and to demystify the action of writing and designing the first pass of the compiler and there has been work in semantics. Here, in Vienna that work has, I think, its largest and the most complete achievement; it has enabled one to judge the validity and correctness of a proposed implementation of a programming language so that the user may expect with more confidence that, when the program executes on the machine, what will happen is what he hoped for. But I would like to sound a warning about syntax, about the problem of parsing languages that is needed at the beginning of the compiling process. There are people who, having seen the existence of this problem, have firstly explained the part of it that is needful for application to the problems of designing compilers, and then have gone on to publish papers about more detailed, and more complex classes of languages, with more and more peculiar properties, more and more varieties; the explanations they have given us of these languages are of no interest, in my opinion, for informatiks. They have been seduced from science into pure mathematics, and to that activity as an end in itself.

There is always, I believe, a temptation when one has some kind of problem to explain, and one has successfully explained this problem, to go on refining the explanation of pseudo-problems or problems irrelevant to one's previous area of puzzlement. I see on a number of office doors that say Computer Scientists, the names of people who are not engaged in the sicence of informatiks but in mathematical arabesques suggested by some of the problems that have appeared in getting an understanding of informatiks activity; I fear that not only will syntax develop in this way but that other areas of scientific explanation of informatiks, too, have this temptation for people who are not concerned with the application of the hypotheses, these conjectures they are making in their scientific activity. I suspect that they will be seduced to engage in this useless science and pure activity. Now, I would be the last person to say that people should not engage in whatever activity they wish. All I say is, please don't tell me about it and please don't tell my students about it, because they have enough to learn without their heads being filled with irrelevancies.

At the moment I feel that, in the semantic problems, we understand at a certain level, languages with sequencing of certain simplicity, with data of a certain simplicity; but we are beginning to see that there exist problems on the periphery of what we have been studying that we do not know how to tackle, that we do not know quite how to understand. We are in this peculiar situation that we know that there should be explanations in this area but we do not know how to provide them. I would particularly refer to scientific explanations of what makes an interesting and valuable machine, what makes an interesting and valuable operating system, what properties of an operating system are relevant for what kinds of problem or are necessary for what kinds of problem. I know with these questions that I do not know how to begin to tackle giving explanations that would help people understand them and I don't believe anybody else in the game has more than ideas in the back of their heads, just as I have fantasies. Especially, I would point to complex self-referencing data types as, just now, a very troublesome area. I don't believe that the situation in informatiks has ever been parallelled before; we have had a fantastic rate of development, phenomenally fast use and expansion of use of processing machines and the phenomena that we can observe in the hardware available today and the systems and uses that we can conceive are possible are changing faster than the process of development of the computer scientist from a research worker to a publisher to an administrator. The generation cycles of idea development are faster than the generation cycles of people so that there exist, I believe, a number of problems which are conceivable but which people who have established a lead in the science of information are unaware of; they will not accept the existence of these problems because they are problems that have appeared after the experience that these people have been trying to generalize. So one thing that I must say about the science of informatiks is that it will grow in detail and in breadth in ways unpredictable and that it will be necessary actively to weed the unhealthy growth.

Then, „who needs the science of informatiks?" There are two styles of design; in the first, one takes a number of facilities, and throws them together and hopes that they fit; in the second, one gains a sense of completeness of a design and then one chooses a subset within this. I see both kinds of activity going on and I see the understanding that we are given by the science of informatiks helping to make the judgement of completeness and the selection of the subset that will lead to good, useful, efficient, reliable, understandable systems. So two classes of people will need the science of informatiks; the first is the designers of the new systems; the second is the user of the system; because, unless he has a sympathy for scientific development, he will become limited by the experience and the ideas that can be thought about in the language with which he began his training. For one of the most difficult things for people to do is to change the range of problems that they are willing to attack by changing the language, extending the language, in which they can formulate these problems.

This problem, I would think, is very important because we all know that things are not developing as fast as we expected; I believe this is because we can conceive of problems which are, currently, with the tools available, inexpressible.

They are too complex to order and to understand and we need better tools. We are in a peculiar historical situation because we don't know yet what is needed for the science of informatiks. We can steal from statistics, we can steal from logic, we can steal from algebra, we can steal from electronics. But what we steal we choose from our background and we do not know how relevant or how appropriate it is; the tools of the science of informatiks have not yet become clear.

An example: the idea of a function is important, O. K., every mathematician knows a function; however, we need functions whose domain is functions and whose range is functions, peculiar sorts of functions these, with no traditional mathematical terminology to express them, but may be, one still can understand them; then one must say that these functions are to be continuous in a lattice theoretic sense. By this time, one has taken the terminology of mathematics, but one has applied it to ideas that mathematicians have not been accustomed to. Though one may take the language and take the tool, I wonder whether one necessarily takes any intuition.

Finally, how do people acquire the science of informatiks? One will not wish to acquire an explanation of phenomena until one knows and is puzzled by these phenomena, so that until people have observed good programming, good languages and bad languages, good systems and bad systems, they will not accept the need to understand what makes good and what makes bad. Moreover, the investment necessary to acquire the tools of understanding, in logic or in mathematics, is hard labour. Unless one sees that they are useable and without them all seems chaos, many students, because they are difficult, say „why should I bother with them?“ And, from their viewpoint, rightly so. One must present it to people at a time when they are ready to bother. One must hope that they come into a training in informatiks with the right kind of expectation, so that they will want to understand and further the development of the subject. Often, alas, they are sent to be trained in the situation as it is, so that they can obtain good and well-paid jobs perpetuating the status quo. But, they should come with the expectation that the subject is a difficult one that leads to where problems and the understanding are rewarding in themselves, and where they will have to work hard to tackle what is a very ill-defined, but stimulating science, and not, as some students I have met have been told by their secondary school teachers, to an easy and soft option that will lead to a well-paid job.

Calvin C. *Gotlieb* *

Informatiks as a Science

1. Science, Applied Science and Technology

A science has:
— a connected body of observed facts and demonstrated truths, gathered in the form of a literature
— a structure based upon general laws and theories
— mechanisms for formulating and testing hypotheses and for discovering new truths and theories.

A basic science has laws and theories which are applicable to other sciences. The sciences are broadly grouped into the physical sciences (physics, chemistry, geophysics, astronomy, etc.), the biological sciences (botany and zoology) and the social sciences (psychology, political economy, sociology, etc.).

An applied science:
— is based on a particular science or group of sciences
— applies the science so as to produce products and procedures useful to man
— embodies design methods and operational procedures based in part on theory, and in part on experience.

Applied sciences include engineering disciplines (chemistry, electrical, civil, aeronautical, metallurgical, etc.), the medical sciences (medicine, dentistry) and applied divisions of the social sciences (e. g. industrial psychology).

A technology:
— is concerned with artifacts and processes invented by man and directly useful to him
— has a strong component of empirical knowledge
— undergoes substantial changes with time as new principles, new materials and new processes are discovered.

---

* Calvin C. *Gotlieb:* Professor, Department of Computer Science, University of Toronto; Canada.

Industries such as electronics, printing and synthetic fabric productions are based on technologies.

Informatics is clearly very much a fact as witnessed by its instrument, the electronic computer, and by the very large scale of expenditure associated with it. But does it follow from this that there is a core of knowledge which distinguishes informatics from other disciplines — pure or applied, or from technologies? And if there is, should we regard informatics as a science, and applied science, or a technology?

The title of this talk anticipates my conclusion. In my opinion informatics *has* emerged as a body of knowledge sufficiently distinct to merit being regarded as a discipline in its own right, and it is likely that this distinctness will be reinforced as time goes on. While it is difficult to place informatics exactly in the spectrum of activities, I would consider it as a science, with strong leanings to applied science. Let me make the case for these opinions.

2. The Body of Knowledge in Informatics

Informatics may be regarded as a science because of the large number of national organizations concerned with it, including of course the well established International Federation for Information Processing. More particularly, the scientific *quality* of the meetings, activities and publications of these organizations is what lends weight to the argument. But the main evidence for considering informatics as a science must rest on the *content* of the body of knowledge. What about this?

One way to assess a body of knowledge is to measure the volume of writings on and about it, and the rate at which it is accruing. Although modern computers had their very first beginnings only twenty five years ago, there is already an enormous literature about them, both in the form of books and periodicals. Our computer science library at the University of Toronto does not attempt to be complete, but we subscribe to over 100 periodicals related to informatics. Only a few are more than ten years old, and it is likely that the rate of growth is not very different from the 20—30% increase per annum which seems to characterize computing activities everywhere.

These periodicals have the full range of types which are found in a highly developed pure and applied science, and include

— primary journals containing reports on research
— a great number of journals devoted to special areas of computing, e. g. the humanities, biomedical applications, linguistics, display devices, etc.
— secondary publications with survey, review, and tutorial articles
— tertiary abstracting and evaluation services
— an extremely varied range of commercial publications which includes not only periodicals with emphasis on new products and new applications, but also commercially produced versions of secondary and tertiary publications, and related specialized services.

All of these types of publications are found both in North America and Europe, and to an increasing degree they are appearing in multiple languages. Table 1 lists some representative examples of each type.

The clear fact is that the body of knowledge in informatics is growing at such a rate that it has been subdividing repeatedly into a large number of specialities, as is characteristic of a highly developed science. Although the subject matter in these specialities has not been completely standardized, there are clearly describable areas. They can be broadly grouped under *theory, hardware, software* and *applications*. Within each group there are individual subjects, as shown in Table 2. The theoretical subjects have their origins in mathematics, the hardware originates from electrical engineering; the software subjects have for the most part grown up with informatics; the applications represent the interaction with other disciplines and technologies and they are considered further in the last section of this paper.

The next two sections of this paper discuss the content of some of these subareas in greater detail, and there will also be consideration of these in other papers at this symposium, particularly in the discussion of curricula in the education papers.

3. The Body of Theory

During the late nineteen forties and nineteen fifties the theory of informatics essentially consisted of specialized areas of mathematics and electrical engineering.

Table 1

Representative Publications in Informatics

Type	*Publication*	*Publisher*	*Country*
Primary	Journal of the Association for Computing Machinery	Association for Computing Machinery (ACM)	USA
	The Computer Journal	The British Computer Society	U. K.
	BIT		
	Numerische Mathematik	Regnecentralen	Denmark
	IEEE Transaction on Computers	Springer Verlag	Germany
		IEEE	USA
	Informatique et Recherche Operationnelle	Ass'n Francaise pour la Cybernetique Economique et Technique	France
Secondary	Annual Review in Automatic Programming	Pergamon Press	USA
	Computing Surveys	ACM	USA
Tertiary	Computing Reviews	ACM	USA
	New Literature in Automation	IFIP Administrative Group	Holland
	Information Science Abstracts	ASIS	USA
Application Journals	Computer Studies in the Humanities and Verbal Behaviour	Morton & Co.	Holland
	Information Display	Society for Information Display	USA
	Computers and Biomedical Research	Academic Press	USA
	Information Storage and Retrieval	Pergamon Press	USA
Special Services and Publications	Auerbach Reports	Auerbach Associates	USA
	Datamation	Technical Publishing Company	USA
	ORBIT II (information retrieval)	System Development Corporation	USA

Table 2

Subareas of Informatics

Area	*Subareas*
Theoretical	Numerical analysis, automata theory, computational complexity, theory of algorithms, formal languages
Hardware	Logical design, system design on synchronous and asynchronous circuit Theory, communication networks, display devices
Software	Programming languages, translator writing systems, operating systems, data structures, software engineering
Closely Related Applictions	Information retrieval, linguistics, data processing, management science

From mathematics there were two streams. One was numerical analysis, with emphasis on computational techniques for certain classical problems — mainly linear algebra, differential equations and approximations of functions. Although these still persist today, the growing connection with computational mathematics is with discrete and combinatorial mathematics, through subjects such as graph theory and integer programming. The other stream of mathematics came from the work of A. M. Turing and Godel on the meaning of Computation and on what kinds of functions could be computed. These in turn were based on earlier work in metamathematics and recursive function theory. The work on automata theory has in the main been highly abstract and theoretical, not applicable to real computers or real computations — because for example the Turing machine and many of its successor assume machines with infinite memories, and have no concepts which correspond to the efficiency of a computation. More recently there has been a shift to measuring the complexity of a calculation with respect to time and space- i. e. the number of steps required to carry it out, and the number of cells of storage which are needed for it. This subject of computational complexity will undoubtedly be pursued vigorously in this next decade.

Computer design grew out of electrical engineering subjects such as switching theory and logical design, which in turn were based on mathematical logic and boolean algebra. At first the design was concerned chiefly with gating circuits and circuits for carrying out arithmetic operations such as addition, floating point multiplication, etc. Currently there is an emphasis on detailed designs on how parallelism can be effected through synchronous and asynchronous circuits, and also on communication between systems, and subsystems, and the design of networks.

Along with those current developments which continue to be related to mathematics and electrical engineering there is a substantial body of theory which is quite distinct and which forms the basis of computer software. This includes theory on the design of programming languages, and systems for translating from one language to another (arising out of the formal languages which were first developed for linguistics), and also theories of operating systems and system analysis (based in part on queuing theory and other topics developed in operations research). In these subjects there is as yet no *coherent,* unified approach. What there is is a variety of approaches, many of them based on mathematical formulations of some complexity. These approaches are often different views of the same problem and the subjects have not yet advanced to the stage where the different formulations are revealed as being equivalent, or where one formulation has such demonstrable superiority that it has come to be accepted. The one topic for which there has come about acceptance is the description of programming languages in terms of the productions of a phrase structure grammar. This formulation for grammars and languages, first put forward by Noam Chomsky for natural languages, is the starting point for much of the work on computer languages.

What is missing as yet in informatics are general principles and theorems which play central roles in the subject — such as the conservation laws in physics and chemistry or the relation between channel capacity and bandwith in communication theory. Certain principles and concepts are emerging. For example there is a generally recognized tradeoff between time and space in the implementation of algorithms. Concepts such as binding time — i. e the time when a value is assigned to a variable in the execution of a program, are recognized as being important, as is the classification of processes into those which are nested, those which may proceed independently in parallel, and those such as coroutines which must alternate. But formal theorems and principles about these concepts have yet to be stated, and in this respect informatics must be viewed as a science in its early stages. Nevertheless the quantity and quality of the mathematical theory which is present in many of the subareas listed in Table 2, is such as to give a strong scientific basis to informatics, as well as the pragmatic, empirical component which is also present.

4. Relation to Other Disciplines

The connection between informatics and mathematics will undoubtedly continue to be important, not only in the directions noted, but in new directions as well. For example, modern algebra is concerned largely with structures which have special, well defined relations between their members, and operations which can be carried out on the elements. This viewpoint is being applied usefully to the data structures which are stored in computers. The emphasis of informatics is different because the structures have to be stored and manipulated within the memory of a computer, and this imparts certain limitations on the data and on the operations. For example adding, deleting, searching and moving data are of central importance.

The relation with electrical engineering and engineering in general will also continue to be strong. In fact the software engineering is emerging as an important development within informatics. This includes methods for designing and measuring computing subprocesses, based on theory, instrumentation and modelling. Eventually there may well be the design charts, tables and handbooks which are part and parcel of applied sciences such as electrical, chemical, mechanical and aeronautical engineering.

There are other subjects where informatics plays such a key role that it is difficult to say where informatics stops and the other subjects begin. An example is library science or as it seems to be now named, in North America at least — information science. For some time it has been clear that the traditional subject of library science will be transformed by information retrieval with computers. Although books and libraries will be slow to disappear — if at all — the traditional methods of indexing, cataloguing, abstracting and searching for information will probably vanish to be replaced by computer-based methods. The subject of data structures, which is increasingly important to informatics, will be equally important to library or information science. What will be the division of labour between informatics and information science remains to be seen.

Another area of strong interaction with informatics is linguistics. As already noted, phrase structure languages first introduced in linguistics have had an important influence on the theory of programming languages. Just what the ultimate position that mathematical theories of languages — transformational grammars and their successors — will occupy in linguistics remains to be seen. There is a strong school in linguistics — probably in the majority — which holds that the separation between syntax and semantics which so far has been a feature of mathematical theories, is fatal to any satisfactory treatment of natural language. This separation seems to be less damaging to programming languages. But the treatment of semantics is more and more important to programming languages too. It is reasonably certain that if formal methods of introducing semantics were to be successful in either informatics or linguistics, they would quickly influence the other discipline. Aside from the key problem of semantics, the power of the computer for computational linguistics, e. g. for the construction of dictionaries and concordances, is important to linguistics. There is also a major attack on attempting voice input to computers, and this work is likely to have strong interaction with phonetics, which has long been a principal subject within linguistics.

Still another area where there is much interaction with informatics is management science. This interaction is evident in system analysis, which as a part of industrial engineering is concerned with systematic ways of describing the flow of information, materials and responsibilities within an organization. The similarities to the flow charting of computer programs are obvious. The use of computers has been especially important in the development of *Pert* and critical path programs, methods for managing large scale construction programs. The mutual interaction is still continuing. For example queuing theory is proving to be a key tool in the study of computer resources such as storage devices and central processor time, and computer modelling in turn is a principal tool for studying complicated flow processes such as occur in vehicular traffic. The development of management information systems, especially on-line systems where there is immediate access to data through computer terminals, is of equal importance to informatics and to management science.

The fact that informatics interacts with so many other disciplines is the reason why the growth of computer activities continues at an exponential rate, even in those countries where computers have been established for two decades. It would be easy to document the effects of the use of computers on the physical sciences, in medicine, in applied sciences and in an increasing number of industrial processes. The magnitude and diversity of these effects make computers, key instruments for social and economic development in both for developing and industrially advanced countries, as has been emphasized in recent publications of OECD and the United Nations. But this is off the subject of this paper. These are the applied science and technological aspects of computers. Their importance is such that it would be an oversimplification to say simply that informatics is a pure science. But I hope that I have produced enough evidence on the quantity and quality of the body of knowledge characterized by the term informatics, that you are prepared to agree with me that it is indeed a science. And one which is in an extremely vigorous and important stage of development.

Herbert *Freeman* *

Informatik als Berufsbild

Der Titel meines Vortrages lautet „Informatik als Berufsbild" oder auf englisch „Informatics as a Profession".

Zuerst werde ich über die Profession oder das Berufsbild sprechen, um dann später zu sehen, ob wir das Wort Informatik dazu benützen können.

An einer Universität oder Technischen Hochschule beschäftigen wir uns natürlich in erster Linie mit der Ausbildung junger Menschen und es handelt sich daher um eine Ausbildungsdisziplin. Wir müssen dann fragen: wen wollen wir ausbilden und für welche Zwecke, welchen Beruf werden diese Leute haben, und dann erst können wir sagen: das ist die Ausbildung, die sie haben sollen. Ich möchte hier einen Vergleich ziehen zwischen dem Computer und seiner Benützung einerseits und der Elektrizität und elektrischen Geräten andererseits. Der Computer ist heute ungefähr 20 bis 25 Jahre alt, also eine Erfindung, die vor etwa 25 Jahren gemacht wurde. In dem selben Sinne sind Elektrizität und elektrische Geräte ungefähr 90 Jahre alt. Ich glaube, daß es nicht meine Idee ist, sondern schon von vielen Leuten gesagt wurde, daß es diese Analogie oder Vergleichsmöglichkeit zwischen Elektrizität und Computer gibt. Auf der einen Seite steht also die Entwicklung der Elektrizität und der Einfluß, den die Elektrizität auf unser Leben gehabt hat, sowie der Einfluß der Elektrizität auf Energie und die Benützung von Energie. Auf der anderen Seite steht der Computer, der einen ähnlichen Einfluß auf die Entwicklung und Benützung von Information haben wird. Ich möchte also einen Vergleich ziehen zwischen der Verwendung der Elektrizität für die Energieverarbeitung einerseits und der Verwendung des Computers für die Informationsverarbeitung andererseits.

---

* Herbert *Freeman:* Professor, Department of Electrical Engineering, New York University, USA.

Im Gegensatz zu früheren Sprechern möchte ich die Ansicht vertreten, daß man den Hauptberuf, der mit dem Computer zusammenhängt, als einen Ingenieurberuf zu betrachten hat. Ebenso wie bei der Elektrizität kann man diesen Beruf in drei Fächer aufteilen.

Der Hauptberuf ist jener des Elektroingenieurs, der die elektrischen Geräte entwirft, ihre Benützung erfindet und diese Geräte verbessert; er muß jederzeit darauf achten, daß sein Entwurf praktisch realisierbar und wirtschaftlich ist. Diese Randbedingungen sind sehr wichtig und unterscheiden den Ingenieur vom Wissenschaftler aber auch vom Kaufmann. Der Kaufmann sieht in erster Linie das Wirtschaftliche und nicht das Technische. Die Forschung ist damit beschäftigt, neue Phänomene zu entdecken oder auszuarbeiten, die praktische Entwicklung wird dann wieder dem Ingenieur übergeben. Auch für die Benützer von elektrischen Geräten hat sich die Elektroingenieurausbildung als besonders geeignet erwiesen. Wir wollen uns hier nicht mit den non-professional activities, also jenen Berufsaktivitäten, für die keine technische Hochschule erforderlich ist, beschäftigen. In der Forschung arbeitet der Elektroingenieur mit dem Physiker zusammen. Die Hauptaktivität in der elektrischen Industrie ist aber jene des Elektroingenieurs.

Jetzt möchte ich dieselben Überlegungen auf dem Computersektor anstellen: die Hauptaktivität ist auch hier eine Ingenieurtätigkeit. Ich spreche hier nicht nur von jenem Ingenieur, der mit physikalischen Geräten arbeitet; meiner Ansicht nach ist auch der Entwurf eines Programmes eine Ingenieuraktivität. Auch ein Programm muß realisierbar, praktisch verwendbar und wirtschaftlich sein. Es muß zu einer bestimmten Zeit geliefert werden, genauso wie eine Maschine. Für den Benützer existiert nahezu kein Unterschied. Die Ansicht vieler Leute und auch jener meiner Vorredner ist wahrscheinlich darauf zurückzuführen, daß sie selbst keine Ingenieure sind, und daher eine falsche Vorstellung davon haben, was ein Ingenieur eigentlich macht. Er arbeitet nicht in der Fabrik und baut die Maschinen mit eigener Hand zusammen. Er zeichnet, er arbeitet mit Papier und Bleistift und heute auch mit dem Computer. Die von ihm entworfenen Zeichnungen werden dann von jemand anderem in Geräte umgewandelt bzw. gebaut. Es ist ganz unwesentlich für den Ingenieur, ob seine Zeichnung in ein wirkliches Gerät, oder in ein Programm bzw. Software-Produkt umgewandelt wird. Der Unterschied zwischen Hardware und Software ist akademisch ganz unwichtig und es ist in mancherlei Beziehung möglich, sie völlig gegeneinander auszutauschen.

Genauso wie bei der Elektrizität gibt es für den Computer eine Industrie, welche die Maschinen bzw. die Software herstellt. Die Benützer von Computern müssen dann sehr viel Geschick und Erfahrung bei der Benützung haben und ebenso wie bei den großen Elektrizitätsbenützern erweist sich eine Ingenieurausbildung als eine gute Ausbildung. Buchhalter, Versicherungsleute und Bibliothekare benützen den Computer als Werkzeug. Wenn eine Erfindung neu erscheint, muß jeder, der sie benützt, alles davon verstehen. Mit der Zeit wird die Erfindung vervollkommnet und mehr und mehr kompliziert und der Benützer kann weniger und weniger davon verstehen. In der ersten Zeit des Automobils mußte jeder, der es benützen wollte, völlig verstehen, wie es funktioniert. Heute fährt meine Frau genau so gut wie ich mit dem Automobil, obwohl sie gar nicht versteht, wie es funktioniert. Mit dem Computer wird das in Zukunft ähnlich sein. Heute verstehen viele Benützer weniger von Computern als vor 10 Jahren und das heißt nicht, daß sie aus diesem Grunde schlechtere Benützer sind. Der Grund ist vielmehr, daß die Computer komplizierter geworden sind und vielmehr dem Benützer angepaßt worden sind. Es ist nicht mehr notwendig, in der Maschinensprache zu programmieren und genau zu wissen, was in den Registern vorgeht. Man programmiert in höheren Computersprachen, die mit der Zeit weiter und weiter entwickelt werden. Ein Bibliothekar, der den Computer häufig benützt, braucht nur die Bibliothekssprache zu kennen und verwendet den Computer als Werkzeug, wie man ein Automobil oder ein Flugzeug benützen kann, ohne zu verstehen, wie es funktioniert.

Ich habe bis jetzt absichtlich das Wort „Informatics" vermieden, möchte aber noch darauf zurückkommen. Wir brauchen Leute, die neue Computer entwerfen, verbessern und wirtschaftlicher machen können, die also die Reliability, die Zuverlässigkeit erhöhen können. Alle diese Verbesserungen soll man einem Ingenieurtyp überlassen. Die Forschung kann man einer anderen Gruppe, die anders ausgebildet ist, überlassen oder auch den Mathematikern. Unter Forschung verstehe ich hier nicht Forschung in praktischer Richtung, mit welcher auch der Ingenieur konfrontiert ist, sondern Forschung nach neuen Ideen, für welche zur Zeit noch keine praktische Realisierung abzusehen ist. Die Benützer von Computern müssen nicht das innere Wirken des Computers verstehen; sie müssen nur soviel über den Computer lernen, als sie zur Benützung wirklich benötigen.

Noch etwas ist wichtig in allen Fächern mit denen der Ingenieur beschäftigt ist, also der Elektroingenieur, der mechanische Ingenieur und in Zukunft vielleicht auch der Computeringenieur. Die Entwicklung beginnt immer mit der Erfindung einer neuen Idee, mit welcher sich zuerst der Forscher beschäftigt. Mit der Zeit sieht man dann den praktischen Wert der Idee und der Ingenieur übernimmt sie, entwirft praktische Maschinen und praktische Methoden zur Benützung dieser Geräte. Es dauert dann mehrere Jahre, bis ein Gerät oder ein ganzes System so gut verstanden wird, daß seine Erweiterung in einem wirtschaftlichen oder praktischen Sinn an ein Ende gelangt. Wenn ein elektrischer Motor bereits einen Wirkungsgrad von 98% erreicht hat, dann lohnt es sich nicht mehr, sehr viel Entwicklungsarbeit aufzuwenden, um diesen Wirkungsgrad auf 99% zu erhöhen, weil dadurch die Kosten stark ansteigen würden. Mit der Zeit verlassen auch die Ingenieure das Gebiet und es wird an andere Leute übergeben, die weniger Ausbildung brauchen. Das Gebiet wird dann in guten Büchern beschrieben, gute Methoden existieren und die Ausbildung, die man benötigt, um auf diesem Gebiet zu arbeiten, ist eine viel geringere.

Als das Automobil noch eine neue Idee und im Forschungsstadium war, waren viele Ingenieure damit beschäftigt, es zu verbessern. Heute findet man eine erstaunlich kleine Anzahl von Ingenieuren in der Automobilindustrie. Auch in elektrischen Firmen ist die Herstellung eines Gerätes mehr und mehr zur Produktionsarbeit geworden. Dieselbe Entwicklung ist auch auf dem Computersektor zu beobachten. Der Computer befindet sich derzeit noch in einem Entwicklungsstadium, in dem sehr viele Ingenieure benötigt werden. Mit der Zeit, es kann 10 Jahre dauern oder auch länger, wird auch der Computer Maturität erlangen und es werden dann weniger Ingenieure benötigt werden. Man kann nicht voraussehen, wann das eintreten wird, aber in irgendeinem Sinne wird es mit der Zeit kommen. Wir werden uns dann neuen Problemen zuwenden und der Computer wird für uns normal und einfach zu benützen sein, wie auch Elektrizität und elektrische Geräte für uns einfach sind.

Heute unterscheidet man 3 Hauptgebiete in der Computertechnik: Hardware, Software und die Benützung. Für alle drei Gebiete soll der Ingenieur gut ausgebildet und gut geeignet sein. Der Computeringenieur braucht sich nicht mit elektrischen Bauteilen zu beschäftigen. Er findet bereits gefertigte Bauteile vor, aus welchen er den Computer aufbauen kann. Die elektrischen Bauteile werden von anderen Ingenieuren, es sind auch Elektroingenieure, entworfen. Der Computeringenieur übernimmt die Bauteile vom Elektroingenieur, ebenso wie auch der mechanische Ingenieur viele Bauteile vom Elektroingenieur oder umgekehrt, der Elektroingenieur viele Bauteile vom mechanischen Ingenieur übernimmt. Er muß die Grenzwerte dieser Bauteile kennen, er muß wissen, wie sie zu verwenden sind und muß einfach den Herstellern dieser Bauteile seine Wünsche mitteilen können. Ansonsten muß der Systementwurf Hardware und Software zugleich berücksichtigen, zwischen welchen weitgehende Austauschbarkeit besteht. Der Computerhersteller muß auch Betriebssysteme, Compiler, Dienstprogramme und überhaupt die gesamte Software dem Benützer mitliefern. Es müssen dann auch neue Benützungs- und Anwendungsmöglichkeiten für den Computer gefunden werden und die Computer entsprechend geändert werden, um sie für neue Anwendungen praktisch, technisch-praktisch und wirtschaftlich-praktisch herzustellen.

Auf verschiedenen Gebieten muß der Computer sehr eng mit anderen technischen Geräten zusammenarbeiten. Bei der Einrichtung von integrierten Datenverarbeitungssystemen auf verschiedenen Gebieten muß der Computeringenieur auch etwas von den betreffenden Gebieten verstehen. Man hat manchmal vorgeschlagen, daß der Computeringenieur hauptsächlich mit Hardware, der Computerscientist mehr mit Software beschäftigt sein soll. Ich halte das für ganz unmöglich und bin der Meinung, daß Hardware und Software reine Ingenieurarbeiten sind. Der Ingenieur, der einen neuen elektrischen Apparat für das schnelle Multiplizieren entwirft, muß genauso das Problem ausarbeiten und entwerfen, wie etwa beim Entwurf eines neuen Unterprogrammes.

Ich habe sehr deutlich darauf hingewiesen, daß man den Computer hauptsächlich den Ingenieuren überlassen soll und Ingenieure für den Computer ausbilden soll. Teilweise kommt das daher, daß meine eigene Ausbildung die eines Ingenieures ist. Ich bin aber der Meinung, daß man dieses Gebiet nicht den Elektroingenieuren überlassen soll, wie es vielseits der Fall ist. Man soll ein neues Fach, nämlich das des Computeringenieures ausbauen. Vielleicht kann man dieses Fach mit Informatiks bezeichnen, so daß also Informatiks- und Computeringenieur synonym werden. Der Ingenieurberuf ist dann der wichtigtse akademische Beruf auf dem Gebiet der Computertechnik. Es gibt dann noch die verschiedenen Hilfskräfte, die mit dem Ingenieur zusammenarbeiten. Im Falle des Computers sind das Leute, die nur programmieren, das Bedienungs- und Wartungspersonal. Auf verschiedenen Gebieten hat sich herausgestellt, daß die Ingenieurausbildung eine gute Voraussetzung für eine spätere Betätigung als Leiter eines Betriebes darstellt. Ich bin der Meinung, daß auch die Ausbildung zum Computeringenieur eine sehr gute Basis ist, um diese Leute dann später zu Leitern in Computerbetrieben zu machen.

Bei den gestrigen Vorträgen wurde bei der Definition des Begriffes Informatiks die Meinung geäußert, daß zwischen Biologie und Lebewesen eine ähnliche Relation bestehe, wie zwischen Informatiks und Computern. Ich glaube aber, daß das ein großer Fehler ist. In der Biologie sind wir daran interessiert, Lebewesen zu verstehen, aber nicht zu bauen. Computer müssen gebaut werden und wir haben eine große Freiheit, diese Geräte zu bauen und zu benützen. Der Gesichtspunkt des Ingenieurs ist daher viel wichtiger als der des Wissenschaftlers oder Forschers. Der Vergleich zwischen Biologie und Informatiks ist also nicht zwingend. Für den kommerziellen Benützer des Computers in einer Bank, Versicherung oder in einer Bibliothek wird es in Zukunft viel wichtiger sein, den Computer für das betreffende Sachgebiet nutzbar zu machen als ihn selbst zu verstehen. Der Bankfachmann muß eine Bank gut verstehen, in der Versicherung muß einer etwas vom Versicherungswesen wissen, der Computer ist für beide nur ein Werkzeug, welches sie in einer Sprache benützen, die sie leicht erlernen können.

In diesem Sinne möchte ich deutlich darauf hinweisen, daß es sich bei Informatiks als Berufsbild um einen Ingenieurtyp handelt. Diese Ingenieurausbildung soll Hardware, Software und Anwendung gemeinsam berücksichtigen und besonders auch die Begriffe der praktischen Anwendung und wirtschaftlichen Anwendung. Die Benützer des Computers werden ihre Aktivität auf andere und benachbarte Sachgebiete konzentrieren, aber nicht auf das Hauptgebiet des Computers. Diese Überlegungen gelten vor allem für den Bereich der Universitäten und Technischen Hochschulen.

R. Herbold [*]

Informatik als Berufsbild

Vorbemerkung

Die folgenden Ausführungen beziehen sich auf die Anwendung elektronischer Datenverarbeitungsanlagen. Quantitative und qualitative Aussagen beruhen auf den Erhebungen der „Arbeitsgruppe Personal" im Diebold Forschungsprogramm Europa, und zwar für das Gebiet der Bundesrepublik Deutschland. Die Erhebungen wurden zu Beginn des Jahres 1970 abgeschlossen. Ferner wurde in erheblichem Umfang auf das Material der Diebold-Statistik und des Diebold-Computer-Registers der Diebold Deutschland GmbH zurückgegriffen.

1. Allgemeine Betrachtung: automatisierte Datenverarbeitung, ADV-Personal, Personalausbildung

Die Vorteile der Computer liegen in der vollen Nutzung ihres Leistungsvermögens. Der Computereinsatz verlangt wie kein anderer Maschineneinsatz die qualifizierte Unterstützung durch den Menschen. Diese qualifizierte Unterstützung kann nur von qualifizierten Menschen mit einer Ausbildung in Funktionen geleitet werden, die es in früheren Jahren nicht gab und die durch die Fortschritte in der Computeranwendung selbst gewisser Dynamik unterworfen sind.

Mit zunehmendem Computereinsatz und steigender Komplexität der Anwendung steigt auch der quantitative und der qualitative Bedarf an Fachkräften. In Europa, und insbesondere in der Bundesrepublik Deutschland, kann der Bedarf an qualifiziertem Computerpersonal nicht mehr gedeckt werden.

Ständig steigende Gehälter und hohe Fluktuationsrate beim Datenverarbeitungspersonal sind unmittelbarer Ausdruck dieser

---

[*] R. *Herbold:* Dr., Direktor der Diebold Deutschland GmbH., Frankfurt/ Main. DBR.

Entwicklung. Mittelbar trägt sie wesentlich zu hohen Datenverarbeitungskosten durch unwirtschaftlichen Maschineneinsatz und nicht zuletzt zur Bremsung des Fortschritts bei.

Das Angebot an Datenverarbeitungsfachpersonal ist eine Funktion der Ausbildung. Abhilfe ist deshalb nur durch gezielte Ausbildung und deshalb auch nur langfristig zu erwarten. Gezielte Ausbildung setzt die Kenntnis qualitativer und quantitativer Merkmale voraus. Die qualitativen Merkmale ergeben sich aus den Anforderungen an das Personal, die quantitativen aus dem zukünftigen quantitativen Einsatz von automatisierten Datenverarbeitungsanlagen, jedoch in Abhängigkeit von der Art der Nutzung. Die Art der Nutzung tangiert aber auch die qualitativen Anforderungen.

In der Bundesrepublik Deutschland gibt es z. Z. mit Ausnahme des Berufsbildes „Datenverarbeitungskaufmann" kein anerkanntes Berufsbild für Datenverarbeitungsfachpersonal. Selbst die Inhalte der Funktionsbezeichnungen wie „Programmierer", „Datenverarbeitungsorganisator", „Systemanalytiker", „Systemplaner" etc. differieren sehr stark.

Der Fachbeirat für Datenverarbeitung beim damaligen Bundesministerium für Wissenschaftliche Forschung hat 1968 „Empfehlungen zur Verbesserung der akademischen Ausbildung auf dem Gebiet der Datenverarbeitung" erarbeitet. Dazu haben der Fachausschuß „Informations-Verarbeitung" der Gesellschaft für Angewandte Mathematik und Mechanik (GAMM) und der Fachausschuß 6 „Nachrichtenverarbeitung" der Nachrichtentechnischen Gesellschaft im VDE (NTG) eine „Gemeinsame Stellungnahme" erarbeitet. Beide Gremien befaßten sich auf Empfehlung des Bundesministeriums für Wissenschaftliche Forschung und auf Ersuchen des Präsidenten der westdeutschen Rektorenkonferenz mit der Frage der Studienrichtung *Informatik*. Das Ergebnis war ein Studienmodell (Minimalplan).

Im Sommersemester 1970 waren an sieben westdeutschen Hochschulen knapp 1.000 Studenten für das Fach Informatik eingeschrieben. Zum Wintersemester 70/71 war eine Immatrikulation für diesen Studiengang an 10 westdeutschen Hochschulen möglich (Quelle: Information, Bildung und Wissenschaft, Bundesministerrium für Bildung, Nr. 1/71). Das Angebot an Lehrveranstaltungen ist sehr unterschiedlich und auf die verschiedensten Fakultäten verteilt. Zum Teil werden — insbesondere an wirtschaftswissenschaftlichen Fakultäten

— unter „Informatik" Einführungsvorlesungen in die automatisierte
Datenverarbeitung als „Betriebsinformatik" geboten.

2. Zukünftiger Bedarf und Angebot an ADV-Fachpersonal

2. 1. Quantitativer und qualitativer Bedarf

Der quantitative Bedarf wird von der Anzahl und der Größe
der Installationen und von der weiteren Entwicklung bei Hard-
und Software bestimmt. Das Fachkräfte-Angebot hängt in starkem
Maße vom Ausbildungsangebot ab. Die Arbeitsgruppe im Diebold
Forschungsprogramm ging davon aus, daß eine Bedarf-/Angebots-
ermittlung aufgrund der diesem Fachgebiet innewohnenden Dynamik nur bis zum Jahre 1975 vorgenommen werden sollte. Dabei
mußte von drei Größen ausgegangen werden:

a) Von der Art des Personals, das in unmittelbarer Beziehung zu
   elektronischen Datenverarbeitungssystemen steht. Hierzu war die
   Festlegung einer Funktionsgliederung erforderlich, die in über-
   schaubarer Zukunft geringfügige Änderungen erfahren kann (Anlage 1);

b) von der Anzahl des ADV-Personals, das je Durchschnittsinstalla-
   tion in den einzelnen Computergrößenklassen gebraucht wird
   (Anlage 2 und 3);

c) von der Anzahl der voraussichtlichen Installationen je Größen-
   klasse im Betrachtungszeitraum (Anlage 4 und 5).

Zunächst wurden auf der Basis von 1970 die ADV-Funktionen
definiert. Dabei war man sich bewußt, daß man den Erfordernissen
der nächsten Jahre nur in groben Zügen gerecht werden kann.

Bei der Ermittlung der voraussichtlichen Anzahl der Installationen und der Aufteilung der Computergrößenklassen wurde die
Diebold-Computerstatistik herangezogen und das in der Diebold-
Statistik übliche Kriterium der monatlichen Durchschnittsmiete zugrunde gelegt. Abrechnungsmaschinen und Minicomputer wurden bei
dieser Klassifikation nur insoweit berücksichtigt, als sie in die
Diebold-Statistik Eingang fanden. Eine Klassifikation nach monatlichen Mieten schien geeignet zu sein, um zu Ergebnissen zu kommen.
Auf diese Weise ergaben sich sechs Computergrößenklassen.

Eine Analyse der Diebold-Statistiken der Jahre 1965 bis 1969
nach den festgelegten Klassen ergab hinreichende Zahlen für eine

Extrapolation in die Zukunft, die natürlich mit jedem Jahr, das über 1970 hinausgeht, mehr und mehr mit Unsicherheit belastet ist.

Auf diese Weise wurde für das Jahr 1975 ein ADV-Personalbedarf von über 130.000 ermittelt, wobei Datentypistinnen und Operateure nicht in die Betrachtung einbezogen wurden, da es sich um Anlernberufe handelt (Anlage 6).

Bei dieser Rechnung ist allerdings zu berücksichtigen, daß die optimale Ausstattung mit Fachpersonal zugrunde gelegt wurde. Andererseits ist in dieser Zahl nicht der Personalbedarf eingeschlossen, den die Computerhersteller, Softwarehäuser und Unternehmensberater bis zum Jahre 1975 haben werden. Der Bedarf für die Anlagen der Mittleren Datentechnik blieb ebenfalls außer Betracht.

Legt man der Rechnung den Mindestbedarf an Fachkräften für jede Anlage zugrunde, so beläuft sich der voraussichtliche Bedarf (wiederum ohne Hersteller, Softwarehäuser, Berater sowie ohne Mittlere Datentechnik) auf etwa 106.000 Personen (Anlage 7).

2. 2. Quantitatives und qualitatives Angebot

Die Schätzung des künftigen Angebots beschränkte sich auf die qualifizierten ADV-Funktionen vom Programmierer aufwärts. Das erlaubte eine Hochrechnung, zu der man annahm, daß sich ein gewisser Prozentsatz von Absolventen, abhängig von Fachrichtung und Studium, der Datenverarbeitung zuwenden werden.

Allerdings kommt der Nachwuchs nicht nur aus den Reihen der Absolventen von Hoch- und Fachschulen. Mancher Studierende gibt das Studium vorzeitig auf, um einen ADV-Beruf zu ergreifen. Neben dieser Gruppe gibt es eine Reihe von Mitarbeitern, die aus dem Operating nachwachsen, ferner Abiturienten, die sich für den unmittelbaren Eintritt in die ADV-Laufbahn entscheiden.

Bei der Schätzung wurde davon ausgegangen, daß es in Zukunft gelingen wird, 2 Prozent aller Abiturienten für den direkten Eintritt in die Datenverarbeitung zu gewinnen. Eine solche Annahme ist unter den gegenwärtigen Umständen sehr optimistisch. Optimistisch ist auch eine weitere Annahme, daß ebensoviele Absolventen von Hoch- und Fachschulen wie Nichtabsolventen zur Datenverarbeitung kommen. Aber selbst diese optimistischen Annahmen lassen die sich abzeichnenden Personalprobleme keineswegs geringer erscheinen.

Grundlage der Schätzungen des künftigen Angebots von Studierenden der Hoch- und Fachschulen waren die Zahlen des Statistischen Jahrbuches der Bundesrepublik für das Jahr 1968.

Für das Jahr 1975 wurde ein maximales Angebot von 95.000 Fachkräften errechnet. Die Angebotslücke bewegt sich demnach 1975 zwischen 11.000 und 35.000 Fachkräften in der Bundesrepublik Deutschland (vgl. Anlagen 8—13).

3. Qualitative Nachfrage und Berufsbild

Die qualitative Nachfrage wird durch die Einsatzbereiche der ADV bestimmt. In der Bundesrepublik Deutschland sind rund 70 Prozent der installierten Anlagen in der Wirtschaft und der öffentlichen Verwaltung eingesetzt (vgl. Anlagen 14—17). Dieser Wert dürfte auch für den übrigen deutschsprachigen Raum zutreffen. Der Einsatz und der Betrieb der Anlagen verlangt vom Personal hinreichende Anwendungsorientierung (vgl. Anlagen 18 und 19). Besonderes Gewicht liegt dabei auf der Informationsanalyse und der Entwicklung von Anwendungskonzeptionen. Beides setzt umfangreiche betriebswirtschaftliche und organisatorische Detailkenntnisse voraus, gepaart mit fundierten Kenntissen in Hardware und Software. Informations- und Organisationsanalyse sind die Grundlage für jedwede (nachfolgende) Hard- und Software-Analyse.

Es zeichnet sich deutlich ab, daß die datenverarbeitende Praxis den anwendungsorientierten Informatiker verlangt. Der größte Bedarf besteht heute — und erst recht in Zukunft — bei Fachkräften, die die Funktionen jener Spezialisten auf höhere Ebene ausüben, die man bisher als Systemanalytiker, Systemplaner und Datenverarbeitungsorganisatoren bezeichnete. Für den Hard- und Softwarespezialisten wird im Bereich der Wirtschaft und Verwaltung lediglich in Großunternehmen nennenswerter Bedarf auftreten.

Auf diese Erkenntnis stützen sich in jüngster Vergangenheit die verstärkt geäußerten Zweifel an der Zweckmäßigkeit des Studienganges *Informatik*, wie er von den eingangs erwähnten Gremien empfohlen wurde. Man glaubt erkennen zu können, daß der diplomierte Informatiker nicht ausreichend anwendungsorientiert ausgebildet wird und deshalb den Anforderungen nicht genügen könnte, die die ständig steigende Komplexität der Aufgabenstellungen in den Unternehmungen stellt.

Vom Standpunkt des Anwenders automatisierter Datenverarbeitungsanlagen könnte sich deshalb das Berufsbild des Informatikers nicht mit dem jenes Spezialisten decken, dessen Ausbildung in Disziplinen erfolgt, die weitgehend mit jenen identisch sind, die in den USA unter Computer Science zusammengefaßt werden. Mathematisches und technisches Wissen, ausgerichtet auf die Entwicklung von ADV-Anlagen und ADV-Systemen, dürfte nicht genügen. Organisatorische, ökonomische, allgemeine und spezielle betriebswirtschaftliche Probleme treffen mit den computertechnischen zusammen; die optimale Lösung der ersteren bildet sogar die Voraussetzung für die optimale Lösung des letztgenannten Problemkomplexes. Um den daraus resultierenden Anforderungen an den Informatiker Rechnung zu tragen, wurde in der Bundesrepublik Deutschland (u. a. vom betriebswirtschaftlichen Institut für Automation an der Universität Köln) vorgeschlagen, die Ausbildung in Informatik aufzuspalten, und zwar in:

a) allgemeine Informatik (Lehre von den „technischen, struktur- und systemtheoretischen und ökonomischen Bedingungen, die für Informationssysteme generelle Gültigkeit haben") und

b) spezielle Informatiken
   aa) technologisch orientiert
   bb) anwendungsbezogen (u. a. zum Beispiel Betriebs- und Wirtschaftsinformatik).

Anlage 1

Funktionsbeschreibungen der wichtigsten ADV-Berufe

A. *Datentypist*

Funktion:

Überträgt und prüft Daten (Ausgangsbelege) in maschinell lesbare Form nach Anweisung.

Weitere Aufgaben:

Umsetzen von Daten zur Beachtung von vorgegebenen Ordnungskriterien und mit Ausgleich von formalen Fehlern. Prüfen und Korrigieren der Übertragung.

B. *Datenkontrolleur*

Funktion:

Datenvorbereitung und Datenkontrolle.

Weitere Aufgaben:

Prüfung auf Vollständigkeit und formale Richtigkeit.

C. *Maschinenbediener für konventionelle DV-Geräte (UR-Operator)*

Funktion und Aufgaben:

Bedienung aller konventionellen DV-Geräte (z. B. Sorter, Mischer, Tabelliermaschine).

D. *Arbeitsvorbereiter*

Funktion und Aufgaben:

Bereitstellung von Dateien, so daß die Jobs in einem closed-shop-Betrieb reibungslos verarbeitet werden können (unter Voraussetzung des Multi Programming).

Aufbereitung und Vervollständigung der Jobs durch Job Control Cards.

E. *Operator* (Console)

Funktion und Aufgaben:

Rüstet die ADV-Anlage zur Verarbeitung und bedient die peripheren Geräte unter Anleitung eines Schichtleiters.

F. *Chefoperator* (Schichtleiter)

Funktion und Aufgaben:

— Leitet verantwortlich die Tagesproduktion in einer Schicht nach vorbereiteten und genau definierten Maschineninstruktionen und Arbeitsvorschriften. Beseitigt auftretende Störungen aufgrund der vorhandenen Anweisungen.

— Sorgt für einen möglichst günstigen und hohen Durchlauf (throughput).

— Erledigt vorgeschriebene Verwaltungsaufgaben.

G. *Leiter des Rechenzentrums*

Funktionen:

Verantwortlich für die gesamte DV-Produktion. Leitet den Einsatz der kompletten Hardware.

Weitere Aufgaben:

— korrekte Verwaltung des Equipment;

— setzt geplante Arbeitserfordernisse durch;

— verantwortlich für Verwaltung der Dateien;

— Einführung von Arbeitsvorschriften und -techniken zur Verbesserung der Leistungsfähigkeit der „Equipment-Operation";

— Beratung bei Equipment-Bewertung und bei der Installation;

— Personalauswahl und -verwaltung.

H. *Junior-Programmierer*

Funktion und Aufgaben:

Arbeitet unter Anleitung und Aufsicht eines Programmierers (da er noch nicht den Spezifikationen des Programmierers entspricht).

Wächst auf diesem Wege in die entsprechende Funktion und entsprechenden Aufgaben des Programmierers hinein.

I. *Programmierer*

Funktion:

Arbeitet unter Anleitung eines Senior-Programmierers; nimmt teil an der Programmanalyse; erarbeitet den Programmentwurf und das Programm; führt das Debugging und das Austesten der Programme durch und ist an der Implementierung der Programme beteiligt.

Weitere Aufgaben:
— Programmpflege;
— erstellt die Programmdokumentation;
— Mitarbeit an der Erstellung der Testdaten;
— und an den Benutzungsanweisungen für Operator und Programmbenutzer.

K. *Senior-Programmierer*

Funktion:

Arbeitet selbständig auf der höchsten Ebene der Programmierung. Er ist für das Projekt verantwortlich, für Leitung und Kontrolle im Rahmen der vorgegebenen Projektplanung, an deren Erstellung er in enger Zusammenarbeit mit der Systemanalyse mitarbeitet. Er trägt die fachliche Verantwortung für die Programmierer innerhalb eines Projektes.

Weitere Aufgaben:
— Verantwortlich für Leitung und Organisation der Programmierungsaufgaben der Programmierer seiner Projektgruppe;
— entwirft die Programmlogik;
— trifft die Auswahl unter den zugelassenen Programmiersprachen im Rahmen der Unternehmensstandards);
— erarbeitet Vorschläge über die bestmögliche Speicherungs- und Verarbeitungsform für die Jobs (erforderliches Equipment für die Jobs);
— definiert Erfordernisse der Testdaten und legt den grundsätzlichen Testablauf fest;
— ist verantwortlich für die Erstellung der Programmdokumentation;
— defniert die Verarbeitungsparameter und die Ein-/Ausgabeoperationen.

L. *Junior-Systemanalytiker*

Funktion und Aufgaben:

Arbeitet unter Anleitung und Aufsicht eines Systemanalytikers (da

er noch nicht den Spezifikationen des Systemanalytikers entspricht).
Wächst auf diesem Weg in die entsprechende Funktion und entsprechenden Aufgaben des Systemanalytikers hinein.

M. *Systemanalytiker*

Funktion:

Arbeitet unter Anleitung eines ersten (senior) Systemanalytikers;
nimmt teil an der Analyse der DV-Probleme des Unternehmens und
an der Entwicklung der Problemlösung; analysiert in enger Zusammenarbeit mit den betroffenen Dienststellen den erforderlichen In-
formationsbedarf und den Arbeitsablauf.

Weitere Aufgaben:

— Sammelt die für die Ist-Aufnahme notwendigen Informationen;
— arbeitet den Systemvorschlag aus;
— arbeitet mit an der Kostenrechtfertigung und der Wirtschaftlich-
  keitsrechnung;
— erstellt die Spezifikationen für den Programmierer;
— erstellt Formularentwürfe;
— sorgt für die Einführung des Programmsystems und für die Zu-
  stimmung der Fachabteilung bis zur völligen Umstellung auf DV;
— Darstellung seiner Arbeiten in schriftlicher Form.

N. *Senior-Systemanalytiker*

Funktion und Aufgaben:

Arbeitet selbständig auf der höchsten Ebene der Analyse- und
Designarbeit und trägt die Verantwortung für den Projektabschluß
(Projektleitung); trägt die fachliche Verantwortung für die Projek-
gruppe; ist verantwortlich für die Einhaltung des Zeitplans; ist der
verantwortliche Leiter der Analyse der Probleme eines Anwendungsgebietes.

KLASSIFIKATION VON COMPUTERN		
GRUPPE	**MONATLICHE MIETE**	
I	WENIGER ALS	DM 8.000
II	DM 8.000 –	DM 20.000
III	DM 20.000 –	DM 40.000
IV	DM 40.000 –	DM 80.000
V	DM 80.000 –	DM 160.000
VI	DM 160000 –	DM 600.000
DURCHSCHNITTSKONFIGURATION		

ZUORDNUNG EINES GEHALTSRAHMENS ZU FUNKTIONEN UND ANZAHL
DER FUNKTIONEN IN ABHÄNGIGKEIT DER MASCHINENGRÖSSE 1

ADV-FUNKTION	GRÖSSE DER ANLAGE						GEHALTSRAHMEN JAHRESGEHÄLTER IN DM : 12	
	I	II	III	IV	V	VI	BEREICH	Ø
IMIS-MANAGER	–	–	–	–	1	1	5,0-10,0	7,0
ADV-LEITER	1	1	1	1	1	1-3	2,5-6,0	3,6
LEITER SYSTEMANALYSE U/O PROGRAMMIERUNG	–	–	1	1	2	2-6	2,2-3,5	3,0
LEITER SYSTEMPROGRAM- MIERUNG	–	–	–	–	1	1-3	2,0-3,5	2,8
LEITER RECHENZENTRUM	–	–	–	1	1	1-3	1,8-3,5	2,6
LEITER ARBEITSVORBEREI- TUNG/MASCHINENSAAL/ DATENERFASSUNG	–	1	2	2	3	3-9	1,7-2,5	1,9
SENIOR-SYSTEMANALYTI- KER	–	–	–	1	2	3-10	2,0-3,2	2,6
SYSTEMANALYTIKER	–	1	1-2	3-4	6	6-20	1,6-2,8	2,2
JUNIOR-SYSTEMANALYTI- KER	–	1	1	2	3	3-10	1,3-1,8	1,5

ZUORDNUNG EINES GEHALTSRAHMENS ZU FUNKTIONEN UND ANZAHL
DER FUNKTIONEN IN ABHÄNGIGKEIT DER MASCHINENGRÖSSE 2

ADV-FUNKTION	GRÖSSE DER ANLAGE						GEHALTSRAHMEN JAHRESGEHÄLTER IN DM : 12	
	I	II	III	IV	V	VI	BEREICH	Ø
SENIOR-PROGRAMMIERER	–	1	1	2	5	5-15	1,8-2,8	2,4
PROGRAMMIERER	–	2	4	6	10	10-30	1,2-2,2	1,8
JUNIOR-PROGRAMMIERER	1	1	2	3	5	5-15	0,8-1,6	1,2
SYSTEM-PROGRAMMIERER	–	–	–	1	2	2-10	1,8-3,0	2,4
CHEFOPERATEUR/SCHICHT FÜHRER	–	1	2	2	4	6-9	1,4-2,2	1,7
OPERATEUR [KONSOL]	2	2	2	2	4	6-9	1,0-1,8	1,4
JUNIOR-OPERATEUR	–	1	1	2	4	6-9	0,8-1,1	0,9
ARBEITSVORBEREITER	–	–	1	2	4	4-12	1,3-1,7	1,5
MASCHINENBEDIENER	–	–	1	2	4	4-12	0,8-1,3	1,1
DATENKONTROLLEUR	–	–	1	2	6	6-18	0,9-1,5	1,3
DATENTYPIST	2-4	4-8	6-14	10-24	14-50	20-150	0,7-1,4	1,0
TOTAL	6-8	16-20	27-36	45-60	82-118	95-354	---	---
DURCHSCHNITT	7	18	32	52	100	227	---	---

80

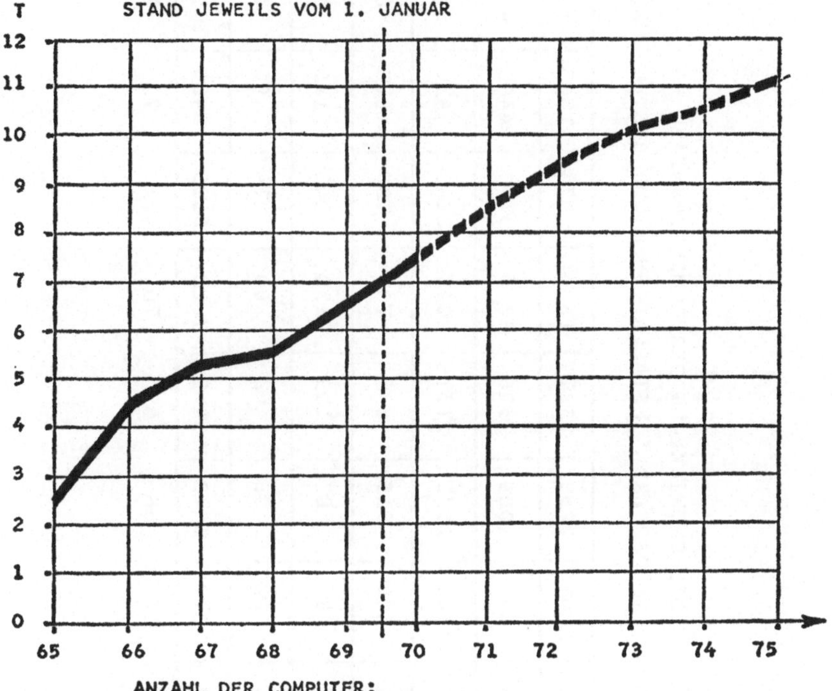

ANLAGE 4
ANZAHL DER IN DER BRD
INSTALLIERTEN UND BESTELLTEN COMPUTER
(SUMME AUS GRUPPE I BIS VI)
STAND JEWEILS VOM 1. JANUAR
T
12
11
10
9
8
7
6
5
4
3
2
1
0
65 66 67 68 69 70 71 72 73 74 75
ANZAHL DER COMPUTER:
2648 4470 5079 5470 6452 7620 8600 9400 10109 10670 11350

DIE ENTWICKLUNG DER COMPUTERANZAHL
IN DER BRD (INSTALLATIONEN UND BESTELLUNGEN)

I	857	1950	2041	2258	1387	1600	1574	1505	1467	1509	1580
II	277	433	852	1009	2525	3090	3790	4400	4900	5300	5620
III	1181	1679	1668	1573	1757	2040	2240	2430	2610	2780	2940
IV	265	320	408	515	637	700	780	820	850	870	882
V	58	67	88	87	103	130	142	155	166	175	180
VI	10	21	22	28	43	60	74	90	107	126	148
Σ	2648	4470	5079	5470	6452	7620	8600	9400	10100	10670	11350
JAN.	65	66	67	68	69	70	71	72	73	74	75

Anlage 5

BEDARF AN QUALIFIZIERTEM ADV-PERSONAL 1965 BIS 1975 (BEI OPTIMALER PERSONALAUSSTATTUNG) (OHNE ANGELERNTE KRÄFTE WIE MASCHINENBEDIENER UND DATENTYPISTEN)

JAHR	DURCHSCHNITTLICHE PERSONEN-ZAHL PRO COMPUTERSYSTEM = P	COMPUTER-GRÖSSENKLASSEN						SUMME
		I	II	III	IV	V	VI	
		2	8	14	23	42	100	
1965	ANZAHL VON COMPUTERN = A	857	277	1181	265	58	10	
	GESAMT-PERSONENZAHL = B	1714	2216	16534	6095	2436	1000	29.995
1966	A	1950	433	1679	320	67	21	
	B	3900	3464	23506	7360	2814	2100	43.144
1967	A	2041	852	1668	408	88	22	
	B	4082	6816	23352	9384	3696	2200	49.530
1968	A	2258	1009	1573	515	87	28	
	B	4516	8072	22022	11845	3654	2800	59.909
1969	A	1387	2525	1757	637	103	43	
	B	2774	20200	24598	14651	4326	4300	70.849
1970	A	1600	3090	2040	700	130	60	
	B	3200	24700	28500	16100	5500	6000	84.000
1971	A	1574	3790	2240	780	142	74	
	B	3100	30300	31400	17900	6000	7400	96.100
1972	A	1505	4400	2430	820	155	90	
	B	3000	35200	34000	18900	6500	9000	106.600
1973	A	1467	4900	2610	850	166	107	
	B	2900	39200	36500	19600	7000	10700	115.900
1974	A	1509	5300	2780	870	175	126	
	B	3000	42400	38900	20000	7400	12.600	124.300
1975	A	1580	5620	2940	882	148	148	
	B	3200	45000	41200	20300	6200	14800	130.600

$$B = A \cdot P$$

BEDARFSUNTERGRENZE FÜR QUALIFIZIERTES ADV-PERSONAL 1965 BIS 1975 (OHNE KRÄFTE FÜR MASCHINENBEDIENUNG UND DATENERFASSUNG)

JAHR	DURCHSCHNITTLICHE PERSONENZAHL PRO COMPUTERSYSTEM (P)	COMPUTER-GRÖSSENKLASSEN						SUMME
		I	II	III	IV	V	VI	
		2	8	10	20	30	40	
1965	ANZAHL VON COMPUTERN = A	857	277	1181	265	58	10	
	GESAMTPERSONENZAHL = B	1714	2216	11810	5300	1740	400	23-180
1966	A	1950	433	1679	320	67	21	
	B	3900	3484	16790	6400	2010	840	33.404
1967	A	1041	852	1668	408	88	22	
	B	4082	6816	16680	8160	2640	880	39.258
1968	A	2258	1009	1573	515	87	28	
	B = A · P B	4516	8072	15730	10300	2610	1120	42.348
1969	A	1387	2525	1757	637	103	43	
	B	2774	20200	17570	12740	3090	1720	58.094
1970	A	1600	3090	2040	700	130	60	
	B	3200	24700	20400	14000	3900	2400	68.600
1971	A	1574	3790	2240	780	142	74	
	B	3100	30300	22400	15600	4300	3000	78.700
1972	A	1505	4400	2430	820	155	90	
	B	3000	35200	24300	16400	4700	3600	87.200
1973	A	1467	4900	2610	850	166	107	
	B	2900	39200	26100	17000	5000	4300	94.500
1974	A	1509	5300	2780	870	175	126	
	B	3000	42400	27800	17400	5300	5000	100.900
1975	A	1580	5620	2940	882	180	148	
	B	3200	45000	29400	17600	5400	5900	106.500

ZAHL DER STUDENTEN UND ABSOLVENTEN 1960 BIS 1966
AN HOCH- UND FACHSCHULEN

	1960	1961	1962	1963	1964	1965	1966	1967
TECHNISCHE FACHSCHULEN								
STUDENTEN	21721	24233	30659	29301	27424	25925	25763	
1960 - 100	100,0	111,6	141,1	134,9	126,3	119,4	118,6	
ABSOLVENTEN	667	744	941	899	842	796	791	
1960 - 100	100,0						118,6	
INGENIEURSCHULEN								
STUDENTEN	44249	47319	51166	54118	58539	60616	61761	
1960 - 100	100,0	106,9	115,6	122,3	132,3	137,0	139,6	
ABSOLVENTEN	569	609	658	696	754	780	795	
1960 - 100	100,0						118,6	
HOCHSCHULEN								
STUDENTEN	207702	224167	242128	255673	265644	270674	272038	271182
1960 - 100	100,0	107,9	116,6	123,1	127,9	130,3	130,9	130,6
ABSOLVENTEN	1702	1821	1880	2046	2180	2257	2275	
1960 - 100	100,0						139,6	
STUDENTEN INSGESAMT	273672	295719	323953	339092	351607	357215	359562	
1960 - 100	100,0	108,1	118,4	123,9	128,5	130,5	131,4	
ABSOLVENTEN INSGESAMT	2938	3174	3479	3641	3776	3833	3861	
1960 - 100	100,0						131,4	

ZAHL DER STUDENTEN UND ABSOLVENTEN ADV-NAHER DISZIPLINEN 1966

	ELEKTRO-TECHNIK	MASCHINEN-BAU	MATHEMATIK	MATHEMATIK UND PHYSIK	WIRTSCHAFTS-WISSENSCHAF-·TEN	SUMME
TECHNISCHE FACHSCHULEN						
STUDENTEN	4159	13447	-	-	416	
ABSOLVENTEN	1777	4932	-	-	399	
DAVON COMPUTERORIENTIERT						
(IN VH)	10	10	-	-	30	
GESAMTZAHL	178	493	-	-	120	791
INGENIEURSCHULEN						
STUDENTEN	12724	18633	-	-	865	
ABSOLVENTEN	3455	5689	-	-	255	
DAVON COMPUTERORIENTIERT						
(IN VH)	8	8	-	-	25	
GESAMTZAHL	276	455	-	-	64	795
HOCHSCHULEN						
STUDENTEN	8776	8921	7155	3416	34731	
ABSOLVENTEN	1031	1528	265	1299	4190	
DAVON COMPUTERORIENTIERT						
(IN VH)	6	6	50	10	15	
GESAMTZAHL	619	764	133	130	629	2275
GESAMTZAHL DER COMPUTER-ORIENTIERTEN ABSOLVENTEN ABITURIENTEN DAVON 2 VH	1073	1712	133	130	813	3861 58361 1666

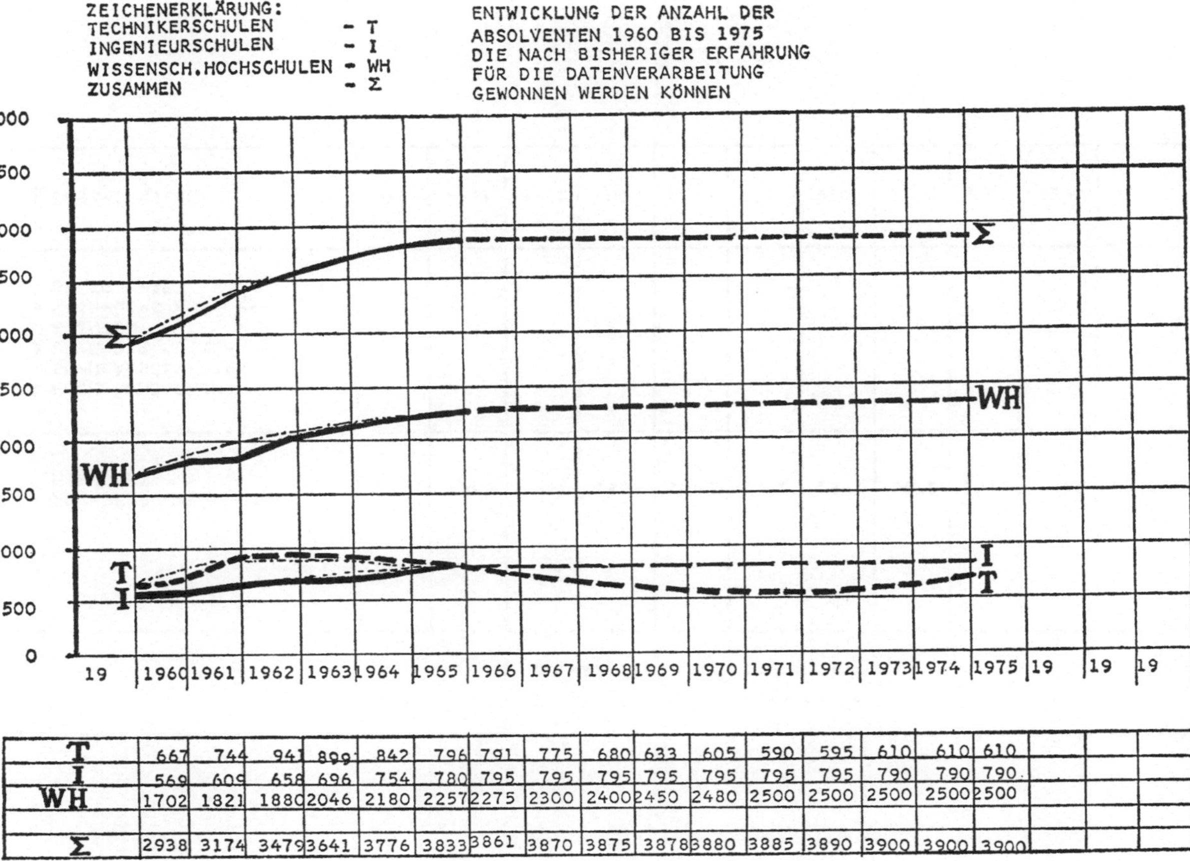

	1960	1961	1962	1963	1964	1965	1966	1967	1968	1969	1970	1971	1972	1973	1974	1975
T	667	744	941	899	842	796	791	775	680	633	605	590	595	610	610	610
I	569	609	658	696	754	780	795	795	795	795	795	795	795	790	790	790
WH	1702	1821	1880	2046	2180	2257	2275	2300	2400	2450	2480	2500	2500	2500	2500	2500
Σ	2938	3174	3479	3641	3776	3833	3861	3870	3875	3878	3880	3885	3890	3900	3900	3900

ENTWICKLUNG DES JÄHRLICHEN ZUSATZANGEBOTS
AN ADV-KRÄFTEN

ADV-PERSONAL- X/ HERKUNFT	1965	1966	1967	1968	1969	1970	1971	1972	1973	1974	1975
● HOCH- UND FACH-SCHULABSOLVENTEN ● 2 VH DER ABITU-RIENTEN ● NACHWUCHS AUS DER BELEGSCHAFT											
◉ GESAMTANGEBOT	8782	8904	8932	8979	9017	9100	9100	9100	9200	9200	9200

Entwicklung des jährlichen Zusatzangebots an ADV-Kräften
(unter Zurückhaltung deren Annahmen gegenüber Anlage 11)

ADV-Personal-Herkunft *)	1966	1967	1968	1969	1970	1971	1972	1973	1974	1975
Hoch- und Fachschulabsolventen 1VH der Abiturienten										
Nachwuchs aus der Belegschaft										
Gesamtangebot	5900	6020	6140	6260	6380	6510	6640	6770	6900	7040

*) Nur qualifiziertes ADV-Personal ohne Maschinenbediener, Locherinnen usw.

ANZAHL QUALIFI-
ZIERTEN ADV-PER-
SONALS (OHNE DATEN-
ERFASSUNG UND MASCHI-
NENBEDIENUNG)
135.000
120.000
105.000
90.000
75.000
60.000
0
ADV-PERSONALLÜCKE
BEDARF (BEI OPTIMALER PERSONALAUSSTATTUNG)
MINDESTBEDARF
MAXIMALES ANGEBOT
ANGEBOT BEI ZURÜCKGESETZTEN
ERWARTUNGEN
1970   1971   1972   1973   1974   1975

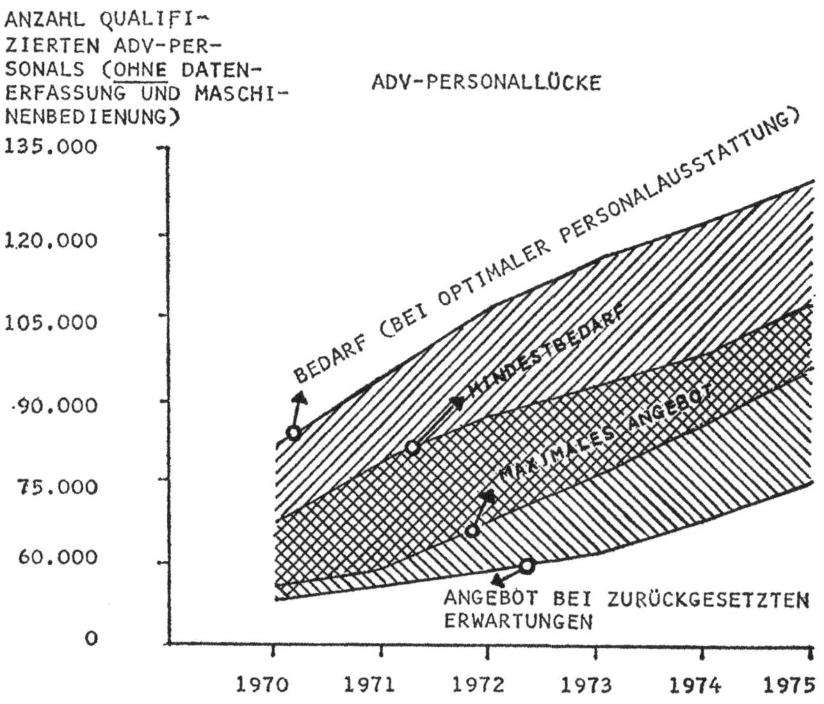

90

BRANCHENANTEILE NACH STÜCK UND WERT				
	Installierte Anlagen zum Jahresanfang 1970			
ANWENDERGRUPPE	NACH STÜCK		NACH WERT	
	Anzahl Anlagen	Anteil in %	Wert in Mio. DM	Anteil in %
Land- und Forstwirtschaft, Fischerei	11	0,17	11,160	0,14
Bergbau	52	0,82	89,780	1,16
Energieerzeugung und -versorgung	180	2,84	196,355	2,54
Eisen-, Stahl-, Metallerzeugung	251	3,97	333,251	4,32
Stahlbau, Maschinenbau, Schiffbau	376	5,94	414,160	5,36
Straßen- und Luftfahrzeugbau	107	1,69	221,276	2,86
Elektroindustrie	416	6,57	656,714	8,50
Feinmechanik, Optik, Meßinstrumente	81	1,28	72,509	0,94
EBM-Industrie	187	2,95	191,479	2,48
Mineralölerzeugung und -verarbeitung	65	1,03	94,560	1,22
Chemie, Pharma, Kunststoff, Gummi	360	5,69	496,598	6,43
Textil- und Lederindustrie	236	3,73	238,192	3,08
Nahrungs- und Genußmittel, Getränke	283	4,47	281,573	3,64
Sonstige verarbeitende Industrie	181	2,86	151,327	1,96
Hoch- und Tiefbau	69	1,09	49,876	0,65
Steine und Erden, Zement, Baustoffe	56	0,88	42,892	0,55
Groß-, Einzel-, Versandhandel	770	12,17	777,611	10,07
Kreditinstitute	594	9,39	791,637	10,25
Versicherungen, Sozialversicherungen	279	4,41	454,296	5,88
Verkehrswesen, Bundesbahn, Post	177	2,80	229,700	2,98
Hersteller-Rechenzentren	84	1,33	162,218	2,09
Herstellerunabhängige Servicebetriebe	345	5,45	343,167	4,45
Sonstige Dienstleistungen	94	1,49	86,184	1,12
Öffentliche Verwaltung	325	5,14	425,245	5,50
Wissenschaft, Forschung, Ausbildung	495	7,82	661,333	8,56
Druck, Verlags- und Kulturwesen	182	2,87	172,875	2,24
Verschiedenes	73	1,15	79,810	1,03
GESAMT	6,329	100	7,725,778	100

BRANCHENANTEILE IM ZEITREIHENVERGLEICH

ANWENDERGRUPPE	Installierte Anlagen (jeweils Jahresanfang)							
	Stückzahlen				Prozentanteile			
	1964	1966	1968	1970	1964	1966	1968	1970
Land- und Forstwirtschaft, Fischerei	-	2	7	11	-	0,09	0,18	0,17
Bergbau	19	32	44	52	1,86	1,45	1,14	0,82
Energieerzeugung und -versorgung	12	58	124	180	1,18	2,58	3,21	2,84
Eisen-, Stahl-, Metallerzeugung	89	146	207	251	8,73	6,50	5,36	3,97
Stahlbau, Maschinenbau, Schiffbau	33	125	227	376	3,24	5,59	5,88	5,94
Straßen- und Luftfahrzeugbau	51	55	67	107	5,00	2,44	1,73	1,69
Elektroindustrie	56	124	228	416	5,50	5,54	5,91	6,57
Feinmechanik, Optik, Meßinstrumente	7	28	43	81	0,69	1,28	I,12	1,28
EBM-Industrie	46	76	111	187	4,51	3,40	2,87	2,95
Mineralölerzeugung und -verarbeitung	19	28	48	65	1,86	1,28	1,19	1,03
Chemie, Pharma, Kunststoff, Gummi	109	158	227	360	10,C9	7,03	5,87	5,69
Textil- und Lederindustrie	18	75	140	236	1,77	3,36	3,62	3,73
Nahrungs- und Genußmittel, Getränke	16	93	170	283	1,57	4,15	4,41	4,47
Sonstige verarbeitende Industrie	9	36	87	181	0,88	1,61	2,23	2,86
Hoch- und Tiefbau	12	24	42	69	1,18	1,09	1,09	1,09
Steine und Erden, Zement, Baustoffe	4	12	36	56	0,40	0,54	0,93	0,88
Groß-, Einzel-, Versandhandel	76	233	419	770	7,46	10,30	10,85	12,17
Kreditinstitute	61	210	367	594	6,00	9,38	9,51	9,39
Versicherungen, Sozialversicherungen	82	153	226	279	8,05	6,81	5,85	4,41
Verkehrswesen, Bundesbahn, Post	28	62	110	177	2,75	2,77	2,84	2,80
Hersteller-Rechenzentren	48	55	66	84	4,70	2,44	1,71	1,33
Herstellerunabhängige Servicebetriebe	32	94	198	345	3,14	4,20	5,12	5,45
Sonstige Dienstleistungen	15	36	64	94	1,46	1,62	1,66	1,49
Öffentliche Verwaltung	57	127	200	325	5,60	5,67	5,18	5,14
Wissenschaft, Forschung, Ausbildung	111	150	267	495	10,80	6,68	6,91	7,82
Druck, Verlags- und Kulturwesen	3	28	106	182	0,29	1,27	2,75	2,87
Verschiedenes	7	21	34	73	0,69	0,93	0,88	1,15
GESAMT	1.020	2.241	3.863	6.329	← 100 →			

ANWENDERGRUPPE	Voraussichtliche Branchenanteile Jahresanfang 1978 in %
Land- und Forstwirtschaft, Fischerei	0,4
Bergbau	0,3
Energieerzeugung und -versorgung	2,1
Eisen-, Stahl-, Metallerzeugung	4,0
Stahlbau, Maschinenbau, Schiffbau	8,3
Straßen- und Luftfahrzeugbau	1,6
Elektroindustrie	3,7
Feinmechanik, Optik, Meßinstrumente	1,7
EBM-Industrie	3,9
Mineralölerzeugung und -verarbeitung	0,6
Chemie, Pharma, Kunststoff, Gummi	3,3
Textil- und Lederindustrie	9,9
Nahrungs- und Genußmittel, Getränke	4,4
Sonstige verarbeitende Industrie	5,2
Hoch- und Tiefbau	8,1
Steine und Erden, Zement, Baustoffe	2,3
Groß-, Einzel-, Versandhandel	8,5
Kreditinstitute	6,1
Versicherungen, Sozialversicherungen	2,0
Verkehrswesen, Bundesbahn, Post	3,4
Hersteller-Rechenzentren	0,4
Herstellerunabhängige Servicebetriebe	1,6
Sonstige Dienstleistungen	3,4
Öffentliche Verwaltung	1,6
Wissenschaft, Forschung, Ausbildung	3,2
Druck, Verlags- und Kulturwesen	4,0
Verschiedenes	6,0
GESAMT	100,0

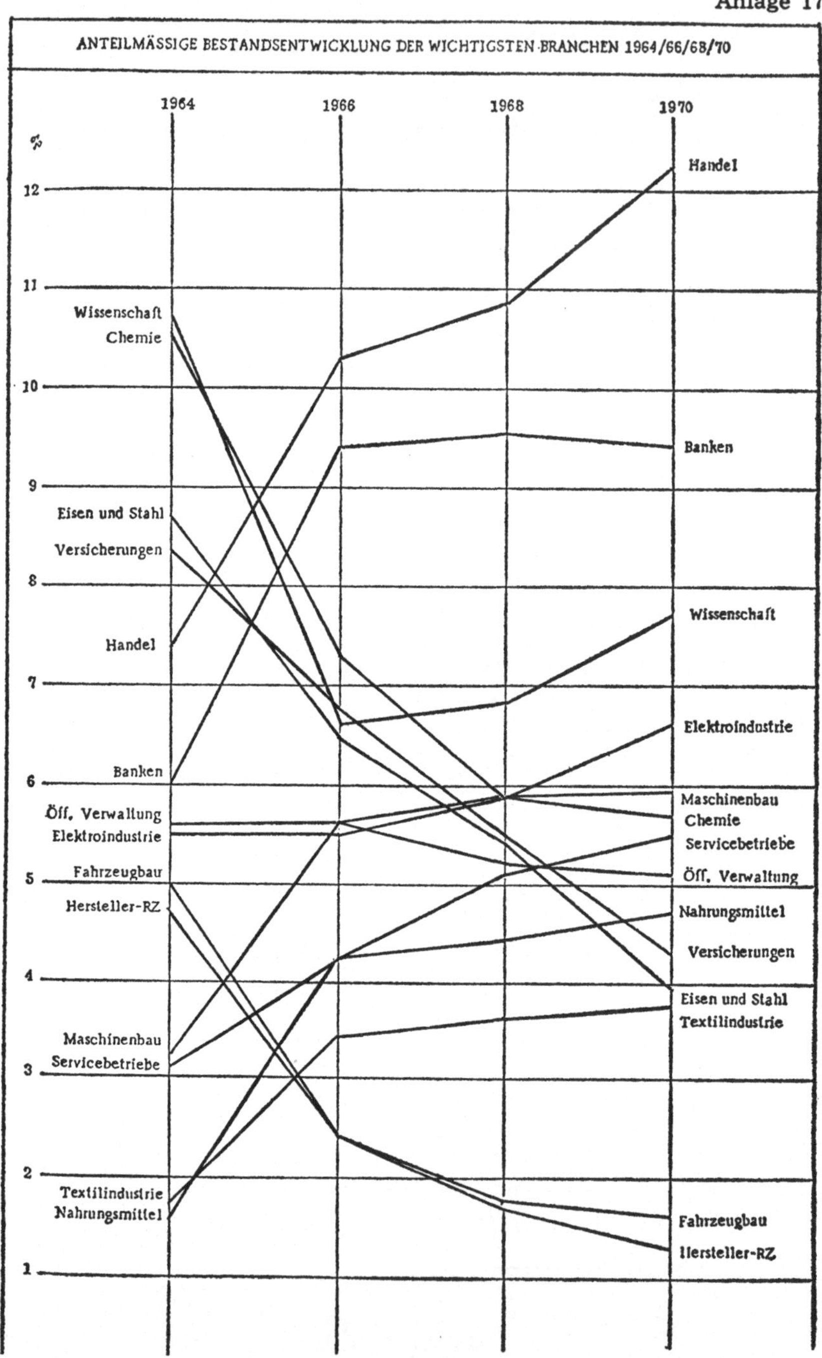
ANTEILMÄSSIGE BESTANDSENTWICKLUNG DER WICHTIGSTEN BRANCHEN 1964/66/68/70
%
1964
1966
1968
1970
12
11
10
9
8
7
6
5
4
3
2
1
Wissenschaft
Chemie
Eisen und Stahl
Versicherungen
Handel
Banken
Öff. Verwaltung
Elektroindustrie
Fahrzeugbau
Hersteller-RZ
Maschinenbau
Servicebetriebe
Textilindustrie
Nahrungsmittel
Handel
Banken
Wissenschaft
Elektroindustrie
Maschinenbau
Chemie
Servicebetriebe
Öff. Verwaltung
Nahrungsmittel
Versicherungen
Eisen und Stahl
Textilindustrie
Fahrzeugbau
Hersteller-RZ

Anwendungsarten der Datenverarbeitung - Anteile in Prozent						
Einsatzbereich	Routinearbeiten		Planungsarbeiten		Simulationen	
	gegenwärtig	geplant	gegenwärtig	geplant	gegenwärtig	geplant
Kommerzieller Bereich	70	60	57	61	35	46
Technisch-wissenschaftlicher Bereich	16	13	26	15	54	28
Produktionsbereich	10	22	16	22	11	26
Dokumentation	4	5	1	2	-	-
Gesamt	100	100	100	100	100	100

Routinearbeiten im kommerziellen Bereich	Gegenwärtige Vorhaben in %	Geplante Vorhaben in %
Rechnungswesen	28	10
Personalwesen	20	15
Materialwirtschaft	18	15
Vertrieb	17	7
Einkauf	7	25
Marketing	4	9
Budgetwesen	4	12
Investitionsrechnung	2	7

Routinearbeiten im Produktionsbereich	Gegenwärtige Vorhaben in %	Geplante Vorhaben in %
Fertigungsplanung und -überwachung	55	35
Produktionssteuerung	23	39
Qualitätskontrolle	12	9
Prozeßsteuerung	4	13
Numerische Werkzeugmaschinensteuerung	6	4

Routinearbeiten im technisch-wissenschaftlichen Bereich	Gegenwärtige Vorhaben in %	Geplante Vorhaben in %
Mathematische Berechnungen	60	30
Technische Berechnungen	34	37
Operations Research	6	33

Zunahme der Arbeitsgebiete im Vergleich mit dem gegenwärtigen Einsatzstand	
Arbeitsgebiet	Zunahme in %
Kommerzieller Bereich	48
Investitionsrechnung	150
Einkauf	135
Budgetwesen	130
Marketing	100
Materialwirtschaft	40
Vertrieb	30
Personalwesen	25
Rechnungswesen	20
Technisch-wissenschaftlicher Bereich	42
Operations Research	140
Technische Berechnungen	40
Mathematische Berechnungen	25
Produktionsbereich	160
Prozeßsteuerung	300
Produktionssteuerung	190
Numerische Werkzeugmaschinensteuerung	85
Fertigungsplanung	70
Qualitätskontrolle	70

Walter *Knödel* *

Ziel und Plan der Ausbildung in Informatik

Zunächst ist es notwendig, meine eigenen Vorstellungen über Informatik und ihre Ziele mit den Standpunkten zu vergleichen, die im bereits abgelaufenen Teil der Veranstaltung dargelegt wurden. Nur so wird der Studienplan verständlich, den ich Ihnen als Stuttgarter Modell vorlege. Er ist in längerer Diskussion mit allen Kreisen entstanden, die an der Universität Stuttgart an Informatik interessiert sind. Seine Realisierung hat im abgelaufenen Wintersemester mit einer Zulassungsbeschränkung auf zunächst 50 Studenten je Jahr begonnen. Er repräsentiert die Auffassung einer Gruppe, die man als ehemalige Rechenzentrumsleute abstempeln könnte, während andere zum Teil stark divergierenden Meinungen darin nur schwachen Niederschlag fanden.

Ich habe nicht die Absicht, den Studienplan vorzulesen, ich will vielmehr über die Leitgedanken sprechen, die in diesem Plan eine mögliche Verwirklichung gefunden haben.

Zunächst handelt es sich um einen Studienplan für Hauptfachinformatiker. Das entspricht der Überzeugung, daß Informatik nicht eine Vereinigung von verwandten Tatbeständen aus Mathemtik, Linguistik, Elektrotechnik und Logik ist, sondern daß Informatik eine eigene Wissenschaft geworden ist, die nach Methoden und Ergebnissen jene Selbständigkeit aufweist, die ein Hauptfachstudium rechtfertigt.

Ebenso wichtig wird die Etablierung eines Nebenfachstudiums der Informatik sein, das in Stuttgart erst in den Anfängen steckt. Statt „Nebenfachstudium" wird wahrscheinlich „Grundlagenstudium" bald eine zutreffendere Bezeichnung werden. Tatsächlich gehört Informatik zu den Grundlagenwissenschaften, und in dieser Hinsicht kann sich nur die Mathematik mit der Informatik messen.

---

* Walter *Knödel:* Professor Universität in Stuttgart, Institut für Informatik und Universitätsrechenzentrum.

Daraus ergeben sich bereits einige wichtige Folgerungen: Der Informatiker ist nicht ein Mathematiker, der Programmieren gelernt hat, und auch nicht ein Programmierer, der elektrotechnische Kenntnisse besitzt. Beide haben ihre Berechtigung, und beide werden sehr gesucht sein, nicht zuletzt als Gesprächspartner für den Informatiker, aber beide sind nicht der Studententyp, an dessen Ausbildung ich denke, wenn ich von Informatikern spreche.

Das gegenseitige Verhältnis von Informatik und Mathematik ist nicht so, daß die eine der beiden Wissenschaften die andere zur Voraussetzung hätte, sie besitzen vielmehr gemeinsame Grundlagen, etwa die Logik oder die Semiotik (Zeichentheorie). Deshalb wird z. B. die Vorlesung „Analysis" zwar aus Tradition von einem Mathematiker gelesen werden, er wird aber nun darauf Rücksicht zu nehmen haben, daß den Informatikern wesentlich mehr damit gedient ist, über die Theorie der Berechenbarkeit und Entscheidbarkeit zu hören, als den Aufbau der reellen Zahlen aus den rationalen in extenso vorgesetzt zu erhalten.

Nach dieser Einführung kann ich aus einer Informationsschrift über den Stuttgarter Studienplan zitieren (Anlage, Seite 3, 5, 6). Aufgegliedert nach Studienabschnitten und Studienmodellen ergibt sich folgende Sundentafel (Anlage, Seiten 7 bis 12).

Der Aufwand zur Verwirklichung dieses Studienplanes beträgt zunächst ca. 80 bis 100 Planstellen bei einer Kapazität von 120 Studienanfängern im Jahr. Die Planstellen gliedern sich in acht Einheiten, bestehend aus einem Ordinarius, einem wissenschaftlichen Rat oder Dozenten, einem akademischen Rat und drei Assistenten. Dazu kommen wissenschaftliche und technische Mitarbeiter, Programmierer und Verwaltungskräfte.

Bei Sachaufwand besteht der größte Posten in einer eigenen Rechenanlage für Lehre und Forschung in Informatik. Die Anlage muß Teilnehmerbetrieb gestatten und etwa die Größenordnung der IBM 360/67 besitzen (Jahresmiete 20 bis 25 Mill. ö.S.).

Der Raumbedarf liegt damit zwischen 4000 und 5000 m².

Ein Wort möchte ich noch über den Wirtschaftsinformatiker sagen, der von IBM, zumindest von IBM Deutschland, stark forciert wird. Nach Bedarfsermittlungen dieser Firma werden im Zweig Wirtschaftsinformatik im nächsten Jahrzeht mehr Absolventen benötigt werden, als in allen anderen zusammengenommen. Trotzdem neige ich persönlich zu einer gewissen Zurückhaltung, bis geklärt ist, wie dieser Wirtschaftsinformatiker aussehen wird: Wird es ein Diplom-Informatiker, der sein Studium im Anwendungsgebiet Wirtschaftswissenschaften vertieft hat, oder wird es ein Wirtschaftswissenschaftler, der sein Studium nach der Seite der Informatik hin abgerundet hat. Auch der Letztgenannte besitzt seine Berechtigung und wird uns helfen, zu hohe Studentenzahlen in der Informatik selbst abzubauen. Er ist aber kein Informatiker.

Eine Abgrenzung der Informatik gegen die Anwendungsgebiete ist einerseits im Hinblick auf die beschränkten Mittel wichtig, die zur Verfügung stehen. Noch wichtiger ist sie aber andererseits im Hinblick auf die Ausbildungskapazität. Wir werden in der Anlaufphase unser Hauptaugenmerk auf die Ausbildung von Ausbildern legen müssen, und daher der systemorientierten (= „reinen") Informatik ein gewisses prae vor der Ausbildung für die unmittelbaren Interessen der Wirtschaft einräumen müssen.

Zum Schluß noch zwei Absätze über Informatik-Unterricht als Dienstleistung für andere Fachbereiche und über Informatik als Aufbaustudium:

Die oben geschilderte Stellung der Informatik als Grundlagendisziplin erlegt ihr die Verpflichtung auf, Dienstleistung in den Ausbildungsgängen der anderen Fachbereiche anzubieten. Nur so wird sie in der Lage sein, bei der Beschaffung von Mitteln und Stellen die Unterstützung der gesamten Hochschule zu erhalten. Sie ist auch hier mit der Mathematik vergleichbar, die für die anderen Fakultäten die Ingenieurmathematik anbietet. Die Informatik kämpft dabei mit den gleichen Problemen wie die angewandte Mathematik. Eine zunächst anwendungsbezogene Disziplin beginnt, einmal konstituiert, Eigenleben zu entwickeln. Durch zunehmende Abstraktion und Spezialisierung wird sie zu einer Wissenschaft für Eingeweihte, die von ihren Anwendern nicht mehr verstanden und daher auch nicht mehr angewendet wird. Nun helfen sich die Anwender selbst, indem sie Vorlesungen wie „Differentialgleichungen für Physiker" oder „Programmieren für Bauingenieure" einrichten und von ihrem eigenen Lehrpersonal betreuen lassen. Glücklich sind hierüber weder die Anwender noch die Grundlagenwissenschaftler, und wir sehen uns hier einer großen Aufgabe gegenüber.

Das Aufbaustudium der Informatik findet deshalb besonders günstige Voraussetzungen vor, weil die Trennung von Lehre und Forschung auch in den unteren Bereichen noch nicht vollzogen ist.

Die Lehrer an den Hochschulen haben sich von der Pike hochgearbeitet und sind zumeist aktiv in der Forschung tätig. Die Forschung besteht dabei größtenteils aus Teamarbeit, sodaß ein Diplominformatiker in ständigem Gedankenaustausch mit fortgeschrittenen Kollegen an einem Projekt beteiligt werden kann, bis er ein Doktorat erwirbt und selbst in Lehre und Forschung kompetent mitwirken kann.

Zusammenfassend stelle ich nochmals folgende Thesen zur Diskussion:

Informatik ist eine selbständige Wissenschaft und fordert einen selbständigen Studiengang mit eigenem Abschluß. An diesen Studiengang gliedern sich die Diensleistung für andere Fachbereiche und ein Aufbaustudium zur Heranbildung von wissenschaftlichem Nachwuchs an.

Informatik bezieht ihrerseits Hilfeleistung von den Grundlagen der Mathematik, der Eelektrotechnik und der Linguistik, ist aber andererseits bei aller erwünschten Durchlässigkeit der Studienpläne gegen diese Gebiete klar abgegrenzt. Der Ausbildungsschwerpunkt soll in der Anlaufphase in der systemorientierten Informatik liegen und stärker softwareorientiert als hardwareorientiert sein.

Ein konkreter Studienplan soll sich möglichst spät in Spezialgebiete der Informatik auffächern. Durch ein gemeinsames Vordiplom und eine Anzahl von Pflichtvorlesungen für alle Informatikstudenten im Hauptdiplom kann dem Rechnung getragen werden.

1. Zur Entstehung des Studienplanes

An der Universität Stuttgart sind seit dem Frühjahr 1968 Bestrebungen im Gang, die neue Studienrichtung „Informatik" einzuführen. Dieser Studiengang, in Anlehnung an die amerikanischen „Computer-Scienc"-Ausbildung geplant, orientiert sich an den neuartigen wissenschaftlichen Problemkreisen, die aus der Beschäftigung mit dem Computer erwachsen sind. Dabei wird der Computer immer in seiner Doppelrolle gesehen: Einerseits ist er eine Maschine zur Informationswandlung und damit Objekt wissenschaftlicher Forschung — andererseits ist er ein zentrales Hilfsmittel für die verschiedensten Wissensgebiete und wirkt somit generalisierend in bezug auf die Entwicklung möglichst allgemeingültiger Methoden der Informationsverarbeitung.

2. Studienplan Informatik

Der Studienplan hat folgenden Aufbau (s. auch Graphik): In einem ersten Studienabschnitt — Semester 1 bis 4 — besuchen alle Studierenden des Studienzweiges Informatik dieselben Lehrveranstaltungen im Gesamtumfang von 80 Semesterwochenstunden (siehe 2. 1.).

Im zweiten Studienabschnitt (s. 2. 2) — Semester 5 bis 8 — gliedert sich der Studienplan in verschiedene Studienmodelle. Ein gemeinsamer Block von Lehrveranstaltungen mit insgesamt 30 Semesterwochenstunden (s. 2. 2. 1) verbindet alle Modelle. Die Hauptauffächerung des Studiums erfolgt in eine systemorientierte und eine anwendungsorientierte Richtung; außerdem soll ein freies Studium möglich sein. Vorläufig sind innerhalb der systemorientierten Informatik (2. 2. 2. 1) zwei Studienschwerpunkte vorgesehen (hardware und software), innerhalb der anwendungsorientierten Informatik (s. 2. 2. 2. 2) zwei weitere Schwerpunkte (Mathematik und Systemtechnik). Die modell- bzw. schwerpunktspezifischen Lehrveranstaltungen umfassen 40 Semesterwochenstunden. Es ist zu erwarten, daß, hauptsächlich bei der Anwendungsrichtung, in Zukunft weitere Studierschwerpunkte hinzutreten werden.

Jeder Informatik-Student fertigt eine Studien- (10 Stunden) und — im 9. Semester — eine Diplomarbeit an (s. 2. 3).

2. 1 Lehrveranstaltungen des ersten Studienabschnitts
(Semester 1 bis 4)

Informelle Einführung in die Informatik	2
(1. Semester / Referate, Gespräche)	
Seminar (ab 2. Semester, 2-stündig)	6

Allgemeine Kommunikationstheorie

Zeichentheorie	4
Syntaktik (Logik I), Semantik, Pragmatik	
Informationstheorie	2
Entscheidungsgehalt, Informationsgehalt	

Mathematische Grundlagen

Algebraische Strukturen I und II	je 2 V 2 Ü
Halbgruppe, Gruppe, Ring, Körper, Verband, Boole'sche Algebra, lineare Algebra, Graphen, Matrizen	

Graphische Darstellung des Studienplanes Informatik

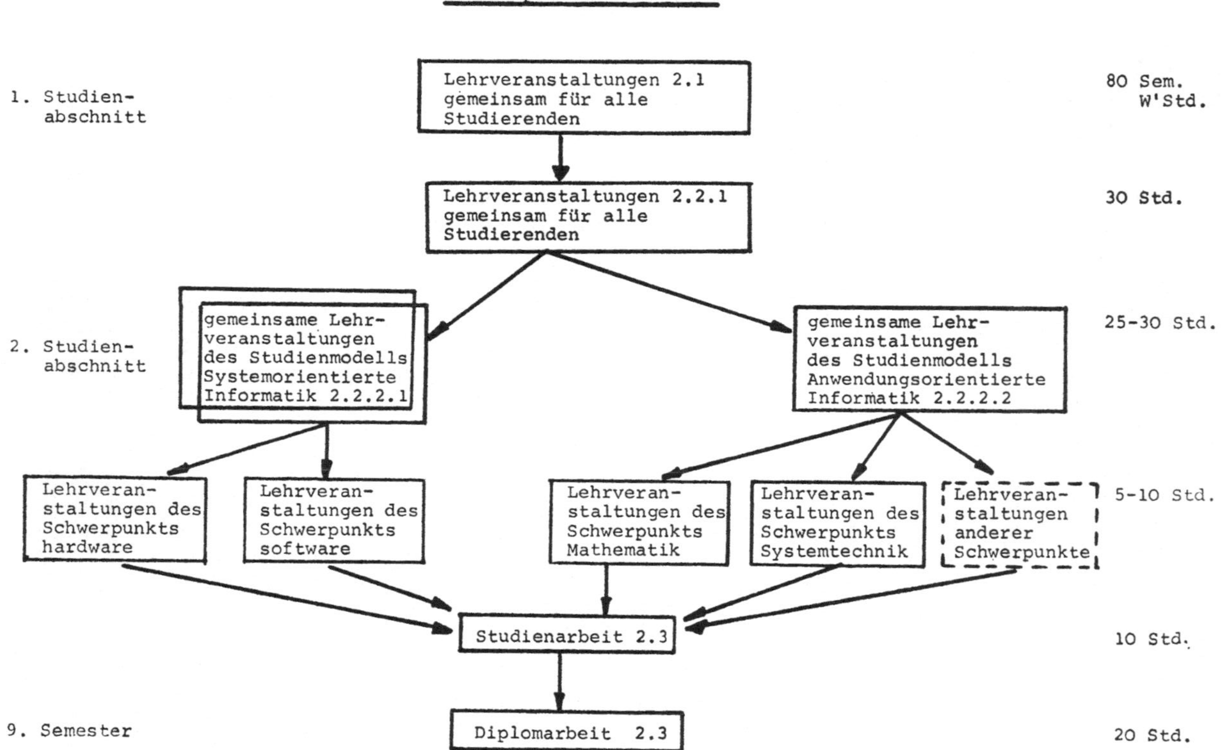

In den Übungen Bezug auf Automaten,
Codierung, Schaltalgebra

Analysis I und II   je 2 V 2 Ü

    Mengenlehre Topologie, Maß- und Integrations-
theorie, Infinitesimalrechnung, Elemente der
Funktionalanalysis

Wahrscheinlichkeitstheorie   2 V 2 Ü

Entscheidungstheorie   2 V 1 Ü

    allg. Entscheidungsmodelle, lin. Entscheidungs-
modelle (lin. programming), einstufige Entschei-
dungsmodelle, Statistik

Dynamische Systeme I und II   4 V 2 Ü

    Deterministische und stochastische Systeme:
Differential-, Differenzengleichungen, Steuerung und Regelung

Numerische Analysis I   2 V 1 Ü

Simulation   2 V 1 Ü

    Modelle dynamischer Systeme in Rechenanlagen

Physikalische und elektrotechnische Grundlagen

Physik, Elektrotechnik   4 V 1 Ü

Kombinatorische & sequentielle Netzwerke   2 V 2 Ü

Aufbau von Datenverarbeitungsanlagen   3 V 1 Ü

Programmierungstechnische Grundlagen

Programmieren I   2 V 2 Ü

    eine möglichst umfassende Formelsprache
(z. Zt. ALGOL-60), Flußdiagramme,
algorithmisches Denken

Programmieren II   2 V 2 Ü

    eine Assemblersprache, Adressierungstechnik,
Befehlsausführung, Makros, Zahlendarstellung,
Anschlußtechnik

Informationsstrukturen   2 V 1 Ü

    Daten, Listen, Zeichenketten, Felder, Bäume,
Graphen, Speicherstrukturen, Speicherzutei-
lung, Suchen, Sortieren, Datenorganisation

Theorie der Programmiersprachen   2 V 1 Ü

    Syntax und Semantik, infix-, praefix- und

postfix-Notierungen, Vereinbarungen, Anweisungen, Prozeduren, Blockkonzepte, Objekt-
programme

Praktika

Technische Datenverarbeitung   4 Ü
Programmierlabor
(durch alle Semester durchlaufend)   ___________

                                                            80

2. 2 Lehrveranstaltungen des zweiten Studienabschnitts (Semester 5 bis 8)

2. 2. 1 *Grundvorlesungen*
      (verbindlich für alle Studienmodelle)
Seminar
      (unter Mitwirkung der Studierenden)
Je Semester 2 Wochenstunden   8 Ü
Zwei weitere Programmiersprachen   1 V 1 Ü
Seminar über existierende Programmiersprachen   2 Ü
Aufbau und Organisation existierender Rechenan-
      lagen (mit Exkursion)   2 V
Allgemeine Systemtheorie   2 V 2 Ü
      Theorie der Anwendungen, gemeinsame Struk-
      turen aus verschiedenen Anwendungsbereichen
Interaktive Systeme   3 V 2 Ü
      real-time computing, Prozeßsteuerung, multi-
      laterale Systeme, Kommunikation
      Mensch-Maschine, Dialogsysteme, Lehrmaschinen
Analog- und Hybridrechner   2 V 2 Ü
Informationstheorie und Codierung   2 V 1 Ü
                                                     ____

                                                            30

2. 2. 2 Spezielle Vorlesungen der einzelnen Studienmodelle

2. 2. 2. 1 *Studienmodell Systemorientierte Informatik,*

Systemorientierte Informatik, Schwerpunkt software

Pflichtvorlesungen:
Betriebssysteme   4 V 3 Ü
Compilerbau   3 V 2 Ü
Symbolmanipulation   2 V 1 Ü

Formale Sprachen	2 V 1 Ü
Semantik	2 V 1 Ü
Automatentheorie	3 V 1 Ü
Verarbeitung allg. Sprachen (Linguistik)	3 V 1 Ü
	29

Spezialvorlesungen:

Weitere 10 Stunden sind zu belegen aus dem folgenden Vorlesungskatalog:

> Vorlesungen der anderen Informatik-Modelle, Mikroprogrammierung, Entwicklungstendenzen bei DVA, Mehrwertige Logik, Numerische Analysis, Informationstheorie, Automatentheorie, Künstliche Intelligenz, rechnergestütztes Lernen, adaptive Systeme, formale Ästhetik, rechnergestütztes Entwerfen, Heuristik, Beweisen von Sätzen, Spiele.

Systemorientierte Informatik, Schwerpunkt hardware

Pflichtvorlesungen:

Betriebssysteme	3 V 2 Ä
Formale Sprachen und Compiler	3 V 2 Ü
Automatentheorie I	2 V 1 Ü
Systemplanung und Systemsimulation	4 V 2 Ü
Digitale Speicher	1 V 1 Ü
E/A-Geräte und periphere Anlagen	2 V 1 Ü
Impulstechnik	2 V 1 Ü
Halbleitertechnik und Halbleitertechnologie	2 V 1 Ü
	30

Spezialvorlesungen:

Weitere 10 Stunden sind zu belegen aus dem folgenden Vorlesungskatalog:

> Vorlesungen der anderen Informatik-Modelle, Automatentheorie II, Wartezeittheorie, Rechnergestütztes Entwerfen sowie weitere Vorlesungen aus den Fachbereichen Nachrichtentechnik, Mathematik und Physik.

2. 2. 2. 2 Studienmodelle Anwendungsorientierte Informatik

Für alle Anwendungsrichtungen sind die folgenden Lehrveranstaltungen Pflicht (sollte sich dieser Katalog für evtl. später hinzutretende Anwendungsschwerpunkte als unzweckmäßig erweisen, dann sollen für diese Studienschwerpunkte Änderungen möglich sein).

Numerische Analyse	4 V 1 Ü
Lineare und nichtlineare Optimierung, Theorie der Spiele	4 V 1 Ü
Simulation	2 V 1 Ü
Dokumentation	2 V 1 Ü
Datenübertragung	2 V 1 Ü
Meßwerterfassung und -umwandlung	2 V 1 Ü
Datenerfassung und -aufbereitung	2 V 2 Ü
	26

Es folgen die Lehrveranstaltungen, bei denen sich die einzelnen Anwendungsschwerpunkte unterscheiden.

Anwendungsorientierte Informatik, Schwerpunkt Mathematik
Vorlesungen im Umfang von 14 Semesterwochenstunden aus folgendem Katalog (davon mindestens 10 Stunden mathematische Fächer:

> Lehrveranstaltungen der anderen Informatik-Modelle, Funktionalanalysis, Differenzengleichungen, partielle Differentialgleichungen, Wahrscheinlichkeitstheorie und mathematische Statistik.

Anwendungsorientierte Informatik, Schwerpunkt Systemtechnik
Vorlesungen im Umfang von 14 Semesterwochenstunden aus folgendem Katalog:

> Differential- und Integralgleichungen in Physik und Technik, Angewandte Wahrscheinlichkeitstheorie und Statistik, Systemanalyse und Systemtechnik, Kern- und Reaktortechnik.

2. 3. Jeder Student fertigt im 8. Semester eine Studienarbeit an (Arbeitsaufwand ca. 10 Semesterwochenstunden), im 9. Semester eine Diplomarbeit (Arbeitsaufwand ca. 20 Semesterwochenstunden).

Herbert *Freeman* *

Goals and Curriculum

In the talks and discussions this morning, we were concerned with informatics as a profession; now the question is what should be the education of a person who will be a professional in this field. As I indicated in my earlier talk, I believe strongly that a person in this field should be engineering-oriented — sophisticated scientifically but thoroughly pragmatic, with a good awareness of the ever-present economic limitations.

Now I want to concentrate particularly on the subject matter to be included in such a computer engineering curriculum. It obviously must contain a lot of mathematics. It should also contain a fair amount of conventional engineering, but most of it will have a special flavor and that will be the computer flavor. I have here a rather nice table which I obtained from a paper that was written by Professor Zadeh of the University of California a few years ago, but it is still fairly up-to-date **. He listed a large number of topics — all the ones he could think of at the time — of computer subject matter, and then he assigned a number to each these topics. The number is to be a measure of the relevance of the particular topic to the field of computer science (or computer engineering or informatics). The topics, as well as their relevance values, of course, reflect the opinion of the author of this list. Things have changed, the paper is now almost three years old, and there is now a different emphasis. Some new subject matter has been developed which is not in the table, and perhaps some of the material in the table should not be in it any more. Let me briefly describe the list. A number

---

* Herbert *Freeman*, Professor, Department of Electrical Engineering, New York University, Bronx, New York, USA.
** L. A. *Zadeh*, „Computer Science as a Discipline", *Jour. Engineering Education*, vol. 58, no. 8, April 1968.

which can vary between 0 and 1 is assigned to each topic. If a topic has a rating of 1, then it is 100 per cent relevant and every good computer engineer ought to be familiar with it. If it is 0, then the topic is totally unnecessary, and anything in-between is in proportion.

The first topic is programming languages, and it has a rating of 1. Every informatics man should be thoroughly familiar with programming languages. Computer design and organization is the second topic. Data structures is third, followed by models of computation, operating systems and programming systems. These are the six topics that are all rated at 1, or 100 per cent relevance to a computer engineer's education.

At 90 per cent relevance, we have formal languages and grammars, theory of algorithms, artificial intelligence and heuristic programming. These are also important, but they are given a somewhat lower rating. Next, in a very large category at 80 per cent, we have computational linguistics, automata theory, finite-state systems, discrete mathematics, combinatorics and graph theory, numerical methods and switching theory.

In the next lower category, at 70 per cent, we have mathematical programming, dynamic programming, analog and hybrid computation, computer simulation, computer graphics, and digital devices and circuits. It might be interesting to note that Professor Zadeh, who is an electrical engineer, nevertheless assigned only 70 per cent relevance to digital devices and circuits. Information retrieval was also placed there. I think I would disagree with this now; information retrieval should have a higher value. The same applies to computer graphics, which I believe is a much more general and important topic than it was first thought to be. Still further down the list, at 60 per cent relevance, we have information theory and coding, pattern recognition and learning systems. There too, there might be some modification; some of these topics might move up and others come down.

What is interesting about this list is not so much its actual details, but rather that an attempt was made to assign relevance values to the topics. I think it is a very useful exercise which could be duplicated here today and on which we might be able to obtain some agreement.

I have mentioned, of course, only the computer-related or information processing-related topics. To form a well-balanced curriculum for a student these would have to be augmented with further subject matter in mathematics, in physics, and in humanities. In addition, a fair number of electives should be provided for a student so that he can strengthen his education in those areas that are of special interest to him.

A few years ago, a special committee was formed under the auspices of the National Academy of Engineering in the United States. The National Academy has a Commission on Education and this commission formed a committee called the „Cosine Comittee", which is an acronym for something like „computer science in electrical engineering". This committee made a number of studies relating to computer education and recently has come up with some guide-lines for an undergraduate curriculum in what it calls computer engineering. Let me review this for you briefly: The curriculum is based on a 4-year program of studies.

For general background, the committee recommended 6 to 9 semester hours in general physics, 9—12 hours in calculus and differential equations, 3 hours in linear and abstract algebra, 3 hours in probability theory, 9—15 hours in electric and electronic circuits and a 3-hour introductory computer programming course, for a total of from 33—45 semester hours. Incidentally, an hour here is a semester hour; that is, one hour of lecture per week per semester. For example, if we say 9 hours, this means that it is 3 hours per week for 3 semesters.

In the more basic computer science subjects, they recommended 6 hours of switching theory and logical design, 3 hours of machine structure and machine language programming, 3 hours of computer organization, and 3 hours of systems programming and operating systems, for a total of 15 hours. Finally, as a more advanced topic that is strongly recommended, the listed 6 hours of programming languages and translation. This yields a total of about 60 semester hours that are prescribed. The remaining 60 to 70 semester hours needed to fill out a 4-year curriculum, could be taken from a large number of elective courses. Some of the ones suggested are: numerical analysis, logic and automata theory, communications systems, operations research, simulation and modelling, and systems analysis.

A number of university departments — and at this moment they are mostly departments of electrical engineering — are currently in the process of setting up separate programs in computer engineering. I will just select two such programs at random and describe them to you.

The first is from Carnegie-Mellon University in Pittsburgh. In the first year of the 4-year program the student is exposed to physics and calculus. Then in the second year, intermediate analysis and some more physics is introduced; computer programming is not encountered until the second semester of the second year, in other words, in the student's fourth semester. Then, in the third year, the student takes linear algebra, a second semester of computer programming, and computer logic design. In the sixth semester, he takes concepts of probability, management and organization of programs, computer organization and either switching theory or field analysis. The latter is a choice left to the student. And finally in the fourth year, when he also has many electives open to him, he has a course in systems (for the seventh and eighth semesters) and a course in information and communication theory.

At Princeton University, the program is somewhat similar. Programming is introduced already in the first semester rather than in the third — and I think that this is a much better choice. There is, of course, also calculus and differential equations. In the second year the student encounters linear algebra and discrete systems, and also a course in circuits and signals which introduces him to some electrical engineering. In the fifth semester he has switching theory, logical design and introduction to computer organization, as well as a course in engineering analysis or numerical analysis, the choice being up to the student. In the sixth semester he encounters principles of programming. Then in the seventh and eighth semesters he takes computer organization, digital electronics (the electrical circuits used within computers), probability theory, operating systems, automata and computation, and communication theory.

The programs described above must be viewed in the context of the American educational system. I do not know to what extent they would be applicable here. Certainly, the organization at the Technische Hochschule here is quite different and the students entering have a somewhat different background from that of students entering into these programs in the United States.

Before closing, I should like to add some comments about the

110

physical facilities required for an informatics curriculum. Regard less as to whether we regard informatics as a science or engineering discipline, I am sure that we will all agree that a well-run, large-scale computing center is essential. I know that there are computer scientists who pride themselves on the fact that they never make use of a computer. However, this is hardly the right viewpoint to promote in the education of future computer people. More important — and this may not be so obvious — a computer research laboratory must also be provided. The main purpose of such a laboratory is to give the students „hands-on" experience. They should be able to use a computer by themselves, to sit in front of it, to turn it on, and to programm it in whatever way they want. The equipment to be provided for this purpose should range from mini-computers to a medium-size machine with extensive I/O equipment.

The second reason for a computer research laboratory is to provide opportunity for full-time dedication of equipment to a particular task. Sometimes it is desirable to have a fairly large machine entirely at one's own disposal for certain experiments, particularly if these involve some large computation processes, the evaluation of a new operating system, or the interconnection of multiple computers to observe the resulting system behavior. For such experimentation, it is essential to have the entire system at one's command and this can usually not be done with the main computer that is available in the University's computing center. A few years ago, one of my students was interested in the communication problem between two computers and we were able to set up an appropriate simulation using a minicomputer and have it run for a number of days, doing nothing else but sending mock problems back and forth, just to see what the communication difficulties would be and to obtain statistics on the performance. It is most desirable to have facilities for such experiments in an educational environment.

Finally, I believe that much more attention should be devoted to computer graphics. It is potentially a very important and powerful ingredient of computer technology. Graphics is an ideal means for man- computer communication. Instead of getting listings and the print-out of large „telephone books" that are time-consuming to generate and interpret, we can get a picture with which we can interact in a way that is convenient and intuitively useful to us. I think that in the future we will see much more work with computer graphics and that much more communication between user and computer will be through graphical interaction. A modern interactive graphics terminal is a vital component of a computer research laboratory.

The one additional purpose, of course, for having a laboratory is to permit equipment to be designed, built and tested. It should be possible for a student to build special equipment and have it connected to a computer. We have set up such a laboratory at New York University. It is quite expensive, but it is cheaper than a large-scale computing center. It consists of a high-performance, interactive computer graphics terminal, a medium-size computer with a 16 K-word core memory, a disk drive for 600 K words of secondary storage, and a large variety of input-output equipment. The computer can be linked with a hybrid computer for analog-digital simulation, and with the University's computing center for largescale computations. The laboratory has been an enormous success in our educational program, providing students with a marvelous opportunity for „hands-on" experience. We recommend a laboratory of this type to everyone planning to set up a computer engineering curriculum.

Niklaus *Wirth* *

Ziel und Plan des Informatikstudiums

1. Ziel

„Informatik" oder „Computer Sicence" ist ein Fach, welches in den letzten Jahren entstanden ist und sowohl in der Forschung als auch in der technischen Entwicklung rasch an Bedeutung gewinnt. Das Ziel der Informatik als Fachstudium ist die Ausbildung von Wissenschaftern und Ingenieuren, welche mit informations- und computertechnischen Problemen vertraut sind. Die Nachfrage nach qualifizierten Informatikern oder Computer- Wissenschaftern ist heute sowohl in Lehr- und Forschungsanstalten als auch in der Industrie besonders groß. Die Folge der Tatsache, daß unsere Lehranstalten erst heute auf dieses Fachgebiet aufmerksam werden, ist, daß die Industrie weitgehend gezwungen ist, Wissenschafter und Ingenieure aus andern Fachrichtungen anzuwerben und sie zuerst in ausgedehnten Umschulungskursen selbst auszubilden. Es ist klar, daß die Ausbildung in dieser Weise sehr gedrängt stattfindet, auf enge Gebiete zweckorientiert ist, und daher an Gründlichkeit und Systematik sehr zu wünschen übrig läßt. Aus pädagogischen wie aus volkswirtschaftlichen Gründen drängt sich daher die Einführung des Informatikstudiums auf. Es sei aber ausdrücklich darauf hingewiesen, daß mit emsiger Eile und sogar massivem finanziellem Einsatz allein das Versäumte sich nicht nachholen läßt. Der Erfolg solcher Bemühungen hängt entscheidend davon ab, ob hochqualifizierte Lehrkräfte gewonnen werden können, welche es verstehen, einen Informatik-Lehrgang in sinnvoller und weitblickender Weise zu organisieren.

---

* Niklaus *Wirth:* Prof., Fachgruppe Computerwissenschaften, Eidgenössische Technische Hochschule, Zürich.

2. Plan

Seit einigen Jahren macht sich deutlich eine Trennung des Fachs „Computer Science" in zwei Teilgebieten bemerkbar. Einerseits erkennen wir *Computer-Wissenschafter* mit stark mathematischer und theoretischer Orientierung. Für sie ist sogar oft das Vorwort „Computer" fehl am Platz. Ihr Interesse gilt algorithmischen Phänomenen und ihrer Analyse ganz allgemein. Andererseits beginnt sich ein Teilgebiet zu emanzipieren, das vielleicht mit *Computer-Ingenieurwesen* umschrieben werden sollte, aber durchaus nicht mit Computerbau oder Elektronik verwechselt werden darf. Dieses Fachgebiet umfaßt die gesamte „software", die Erstellung von Programmiersystemen im weitesten Sinn, und ist vorwiegend pragmatisch orientiert. Aber auch die Probleme des logischen Aufbaus von Computern gehören dazu (siehe auch 1).

Die Nachfrage der Industrie und des Gewerbes ist besonders für Leute dieses zweiten Gebietes groß. Es sei darauf hingewiesen, daß es falsch wäre zu glauben, daß die Informatik nur auf der Hochschulstufe einzuführen sei. Gerade auf der mittleren Stufe der Ingenieurschulen besteht in unserem heutigen Bildungswesen an dieser Stelle eine erschreckende Lücke. Ihre Schließung ist womöglich noch dringender als die Einführung der Informatik auf der Hochschulstufe.

Nach meiner Ansicht sollte bei einer Neueinführung eines Informatikstudiums das Computer-Ingenieurwesen besonders betont werden. Das Ziel, theoretische Informatiker ausbilden zu können, rechtfertigt die Einführung eines eigenen Informatik-Lehrganges noch nicht. Jene Fachrichtung könnte durchaus sinnvoll im Lehrgang der Mathematiker untergebracht werden, und wäre sogar geeignet, diesen zu bereichern und das Mathematikstudium der modernen Umwelt ein wenig näher zu bringen. Die nachfolgende Skizzierung eines *Informatik Lehrganges* ist vorwiegend aus diesem Grundgedanken heraus konzipiert (er ist jedoch an der ETH Zürich nicht realisiert):

2.1. Lehrgang für die ersten vier Semester

Die ersten vier, oder propädeutischen, Semester bezwecken in üblicher Weise die Vermittlung von Grundkenntnissen auf möglichst breiter Basis. Die einzelnen Fächer stammen vorwiegend aus der

Mathematik und dem Elektroingenieurwesen und sind als Einführungskurse zu verstehen:

1. Programmieren (mit Formelsprachen)
2. Logik
3. Kombinatorik
4. Differential- und Integralrechnung
5. lineare Algebra
6. Wahrscheinlichkeitsrechnung und Statistik
7. Experimentalphysik
8. Eigenschaften und Funktionsweise von Halbleiterelementen
9. Elemente der Elektronik
10. Digitale Übertragstechnik
11. Analogrechnen

Im Fach I soll vor allem Wert gelegt werden auf die Verwendung einer systematischen und didaktisch geeigneten Programmiersprache mit einer auf Unterrichtszwecke ausgerichteten Implementation. (Eine Verwendung von Fortran an dieser Stelle sollte z. B. wenn immer möglich vermieden werden). Die verwendete Sprache sollte als (unauffälliges) Werkzeug auftreten und nicht zum Hauptanliegen des Kurses erhoben werden.

Die Studenten sollen ferner nicht nur Programme schreiben, sondern auch lesen lernen. Dadurch werden sie auf die Notwendigkeit eines sauberen und übersichtlichen Aufbaus und einer klaren Dokumentation aufmerksam gemacht.

In den Fächern 4 und 5 sollten numerische Lösungsmethoden enthalten sein (wahrscheinlich ohne besondere Berücksichtigung der Analyse von Rundungsfehlern).

2.2. Lehrplan für die fortgeschrittenen Semester

Den propädeutischen Semestern folgt das eigentliche Informatikstudium. Darin sollten zumindest die folgenden Vertiefungsfächer enthalten sein:

1. Systematik des Programmierens. Charakterisierung von Programm- und Datenstrukturen. Probleme der Synchronisierung simultaner Prozesse. Analyse von Programmen. Bestimmung ihres Rechenaufwandes. Auswahl von Algorithmen für bestimmte Probleme und Situationen. Methodik des Programmierens.
2. Struktur und Funktionsweise von Computer-Systemen. Systematisches Studium und Evaluation verschiedener Computertypen.

Übersicht über verschiedene Speicherarten und Ein-/Ausgabemedien. Deren Eigenschaften und Technologien.

Systematisches Studium und Evaluation verschiedener Programmiersprachen. Problematik der Betriebssysteme. Klassifizierung von Betriebssystemen und Betriebssystemfunktionen.

3. Konzeption praktischer Werkzeuge des Programmierers. (Texteditors, Assemblers, Compilers, etc.). Auswahl und Rolle der verwendeten Programmiersprache. Von zentraler Bedeutung ist die Frage, wie für einen bestimmten Zweck und mit gegebenen Mitteln ein optimales Werkzeug zu konzipieren und zu realisieren ist. Ein typisches Ingenieurfach, wo auch Fragen des „human engineering" in den Vordergrund treten, wo oft psychologische Aspekte wichtiger sind als mathematische Überlegungen (wie z. B. bei der Konzeption von Programmiersprachen). Auch die Probleme der Leitung (management) eines großen Software-Projektes stehen hier zur Diskussion, denn oft sind in der Praxis solche Projekte gescheitert, weil die Leiter zu wenig mit den spezifischen Organisationsproblemen vertraut waren.

4. Theorie der Berechnungen. Bestimmung oder Abschätzung des Rechenaufwandes bestimmter Algorithmen (z. B. Sortieren). Theoretische Berechenbarkeit (was heißt „berechenbar"?). Ermittlung von theoretischen Schranken für den Rechenaufwand, welcher nötig ist zur Lösung bestimmter Probleme (unabhängig vom gewählten Algorithmus).

5. Vertiefung in mindestens ein Anwendungsgebiet:
   Datenverarbeitung
   Numerik
   Prozeßsteuerung
   Optimierung
   Simulation
   Algebraisches Rechnen mit Formeln
   Computer-aided instruction
   Computer-aided design.

Referenz:

1. G. E. Forsythe, „Computer Science and Mathematics", ACM SIGCSE Bulletin, Vol. 2, No. 4, S. 20 (Sept.—Oct. 1970).

Diskussion über Informatik

Prof. *Weinmann:* Nun darf ich zum letzten Teil, zur eigentlichen Diskussion, überleiten. Um eine möglichst zielführende Diskussion zu ermöglichen, sind vier Diskussionspunkte vorbereitet worden.

Im ersten Punkt wollen wir um Stellungnahme zum Problem ersuchen, was den Informatiker einerseits von den Absolventen einer Mittelschule für Datenverarbeitung und andererseits von den Mathematikern mit einer Spezialausbildung auf Datenverarbeitung unterscheidet und wie man diese Unterscheidung hinsichtlich Ausbildung und hinsichtlich der Einsatzmöglichkeit gliedern kann.

Danach die zweite Frage: Können im Sinne dieser Zielsetzungen unsere gegenwärtigen Studienpläne bestehen? Es ergeben sich dabei Detailfragen, ob die allgemeine Grundlagenausbildung ausreichend ist, ob einige Anwendungsgebiete mehr betont werden sollen, welche spezifischen Unterschiede zu ausländischen Lehrplänen bestehen und welche mit Rücksicht auf die Struktur der österreichischen Wirtschaft vertretbar sind.

Der dritte Punkt der Diskussion behandelt Fragen der Methodologie: Wie sollen die für die Informatik spezifischen Lehrstoffe den Studierenden näher gebracht werden? Wir erbitten Anregungen über die Gestaltung der Vorlesungen, der Seminare, der Praktika, wir wollen darüber diskutieren, mit welchem Gewichtsfaktor, in welcher Aufteilung diese Lehrveranstaltungen abgehalten werden sollen. Angeklungen ist ja bereits die Frage des Teamworks, die Frage des Hands-On-Training am Computer usw. Ferner wollen wir organisatorische Fragen bei der Gestaltung der Vorlesung diskutieren.

Im letzten und vierten Punkt ist die Frage gestellt: Sollte das Informatik-Studium nur Berufsvorbildung sein oder auch eine Basis für eine spätere wissenschaftliche Tätigkeit darstellen?

Bevor wir in die Diskussion dieser vier Punkte eingehen, bitte ich Professor Knödel, noch zu dem Vorschlag, den Prof. Freeman gemacht hat, Stellung zu nehmen, oder Prof. Freeman, die Auffassung von Prof. Knödel zu diskutieren.

Prof. *Knödel:* Informatik soll keine abstrakte und mathematisch orientierte Wissenschaft sein. Der Anlaß — zumindest in Deutschland — Informatikstudiengänge einzurichten, war ja gerade der, daß sich Hardware und Software auseinander entwickelt haben und daß diese beiden Partner nicht mehr miteinander reden konnten. Wir finden die Ingenieure auf der einen Seite und die Theoretiker auf der anderen Seite und wir müssen den neuen Mann in der Mitte ansiedeln. Die Informatik enthält viel Ingenieurtätigkeit, z. B. im Rahmen der heuristischen Programmierung, wo mit mathematischen Methoden überhaupt nichts anzufangen ist.

Andererseits möchte ich aber hier nicht nur den Homo Faber sehen, der von unten anfängt, irgendwelche Gebäude im Vertrauen darauf zu errichten, daß sie halten werden, sondern ich würde die Informatik gerne in ein weites Gebiet einbetten und wünschte, daß man sich über die vorhandenen Grundlagen Gedanken macht, und daß man sich fragt, was bei Nachbarwissenschaften zu beziehen ist, etwa bei der Mathematik. In vielen Studienplänen kommt die numerische Mathematik in einer Position vor, in der ich sie auch nicht gerne sehe; ich würde sie im Rahmen des Informatikstudiums lieber dort sehen, wo sie Herr Wirth angesiedelt hat, nämlich als eine der möglichen Anwendungen des erworbenen Wissens. Ich halte die numerische Mathematik für kein zentrales Gebiet der Informatik. Ich kann mir einen guten Informatiker vorstellen, der von numerischer Mathematik überhaupt nichts versteht, z. B., wenn er auf dem Gebiete der Linguistik arbeitet. Im übrigen sehe ich aber keine Kontroversen zum Vortrag 2 von Herrn Freeman.

Prof. *Freeman:* I don't think that the difference between our two positions is very great, and whether we call it „Wissenschaft" or „Engineering" is not very important except in certain special situations. For example, suppose that the question came up whether an „Abteilung für Informatik" should be set up at the University of Vienna or at the Technische Hochschule. My answer then would be that if it is regarded as an engineering field it should be at the Technische Hochschule. The environment is very important for the future development of a field.

If Informatics is located in the same environment as Mathematics, we are likely to have two problems: either we will educate people along very theoretical lines, and these people will have difficulty

118

finding positions in industry. Although some highly theoretical-oriented people are needed, they will not satisfy the major need of industry for computer science personnel. Or, if a particular department does try to educate its students along engineering lines, then they will have difficulty in their own environment since their fellow mathematicians will resent them. They will be told „your are engineers and should be in an engineering school". For that reason, I think that it is important to be quite clear as to what we mean by Informatics. I personally believe strongly that Informatics is an engineering discipline because it is concerned with design and construction. By „construction", I don't necessarily mean the construction of hardware — the writing of a new compiler is also „construction". The attitude taken in building a new compiler is an engineering attitude; one wants to know the time it will take to complete it, the cost, how efficient it will be, and how much better it will be than previous versions. These are *engineering* considerations.

Dekan *Schmetterer:* Es geht nicht um das Problem: soll Informatik an einer technischen Hochschule oder an einer Universität gelehrt werden; es ist ja nicht so, daß mit der Einführung der Informatik an der Hochschule etwas noch nie Dagewesenes beginnt, sondern die Informatik hat gewisse Tradition. Die richtige Vorgangsweise ist: Bei der selbstverständlichen Priorität der technischen Hochschule, die sich aus dem stark ingenieurmäßigen Charakter der Informatik ergeben wird, zu fragen, wie stark und wie weit die Universität von der Grundlagenseite her zu beteiligen ist. Ich glaube, das ist die einzig richtige Antwort und nicht ein Entweder — Oder. Ich bin ganz der Meinung, die hier ausgesprochen wurde, nämlich daß die Informatik nicht Mathematik ist und daß sie auch nicht die Vereinigungsmenge von verschiedenen Disziplinen ist. Aber zumindest hinsichtlich des mathematisch ausgerichteten Aspekts sollte doch mit einer Deutlichkeit auf die mathematische Tradition hingewiesen werden.

Es wäre bedauerlich, wenn man bei den Fragen der Berechenbarkeit nicht an die vielen Arbeiten der intuitionistischen Mathematik anknüpfte oder bei der zweckmäßigen Darbietung der im Umkreis der Wahrscheinlichkeitstheorie liegenden Fragen nicht an die neueren Arbeiten von Kolmogorow und Per-Martin Löf und anderer dächte, welche unter Vermeidung der Maßtheorie ausschließlich die numerische Anwendbarkeit im Auge haben, oder sich etwa bei der Kombinatorik an die so weitgehend entwickelte Theorie der endlichen Mengen erinnerte.

Ich glaube also deutlich sagen zu müssen, daß es doch historisch nicht gerechtfertigt wäre, wenn man mit dem Beginn des Studiums der Informatik hier eine Stunde Null setzen würde. Von den Grundlagen her gibt es eine natürliche Brücke, einen natürlichen Übergang, der historisch vollkommen gerechtfertigt ist und durch diesen Übergang scheint mir die Frage in völlig klarer und objektiver Weise geklärt, inwiefern die technischen Hochschulen an der Informatik zu beteiligen sind und inwiefern in einem entsprechend kleineren Ausmaß die Universiäten — die sich vor allem den Grundlagenfragen widmen — hier mit in Betracht zu ziehen sind.

Dr. *Laski:* I would like to make a point that seems to me of great importance, when considering the curriculum and the objectives of a university level of training for students in Informatics. Whether this will be done at the University or Technische Hochschule is irrelevant. The point is that one wishes to produce people whose judgement and productivity will be practical and sounds not only tomorrow, but for the next ten years. (I can't look ahead more than ten years). One wishes to produce people who are expecting and accepting the changes that will become available as the subject develops. There is no subject to my knowledge that is developing and changing more rapidly and if the education is aimed too closely to the present state of the art then what you are producing is people who can be thrown on the dust heap in five years. And if you ask industry and if you ask commerce what they want, you would get a plan for these people. What one can do — we want only an imagination as to what we will be needing for a long time, and what will be an education and not a training. This is that which distiguishes higher education from commercial training. I think that there is a danger of saying „here is a curriculum, and here is a plan, we have finished thinking", rather than saying „here is a curriculum and here is a plan, but we can learn how to adapt and train the students not to believe what one teaches them, but to train them to be objective in exposing the arguments of whatever institution they find themselves in".

Prof. *Weinmann:* Bitte um Stellungnahme der Vertreter der österreichischen Wirtschaft zu diesem Fragenkomplex. Wir sind uns dessen bewußt, daß die Frage, wo die Grenzen zur Mittelschulausbildung und die Grenzen zum Mathematiker sein sollen, einigermaßen scharf gestellt ist. Wenn also diese Frage zu schwer formuliert ist, bliebe uns nur die Möglichkeit, anhand der vorläufigen Studienpläne zum Punkt 2 überzugehen und anhand dieses Punktes zu diskutieren, wie dieser Studienplan, der für österreichische Verhältnisse geschaffen worden ist, von ihrer Warte gesehen wird.

Dr. *Kratky:* Ich glaube, daß man beim Entwurf der Studienordnung und der Studienpläne in irgendeiner Weise von dem Gedanken ausgegangen ist, daß der Informatiker ein numerischer Mathematiker mit Kenntnissen auf dem Gebiete der Datenverarbeitung sein soll. Der vorliegende Studienplan hat 26 Stunden mathematische und traditionell-mathematische Vorlesungen im 1. Studienabschnitt — das sind 35% des Lehrangebotes. Erst am Ende des ersten Studienabschnittes wird auf Programmierungssprachen eingegangen. Ich möchte die Frage stellen, ob diese Mathematik wirklich die Grundlage ist für jene Vorlesungen, die am Ende des ersten Studienabschnittes behandelt werden, ob es nicht besser wäre, die im zweiten Studienabschnitt vorgesehenen Studienfächer (Logik, Automatentheorie und formale Sprachen) früher zu bringen, weil diese Fächer die Grundlagen und die theoretische Basis für das Informatikstudium sein dürften.

Prof. *Weinmann:* Ich darf dahingehend antworten, daß wir selbst nicht den Eindruck hatten, der Studienplan sei mit numerischer Mathematik überladen. Ich würde nur eine Vorlesung im 2. Studienabschnitt, nämlich „Numerische Mathematik", selbst dazu zählen. Ihr Einwand, daß unter Umständen im 1. Studienabschnitt zu viel an konventioneller Mathematik vorhanden ist, geht darauf zurück, daß an der Technischen Hochschule Wien diesbezüglich personelle Engpässe bestehen. Wir können nur hoffen, daß wir im Laufe der ersten vier oder fünf Jahre der Abhaltung des Studiums Informatik eine komplette Garnitur an Instituten samt Lehrpersonal einrichten können. Es ist durchaus richtig, daß Teile der mathematischen Logik, die hier erst im 2. Studienabschnitt angeführt sind, eine gewisse Basis bieten für Veranstaltungen, die am Ende des 1. Studienabschnittes stehen. Ich danke für die Anregung und wir werden prüfen, inwieweit Veränderungen möglich sind und wo Lücken geschlossen werden müssen.

Prof. *Stetter:* Die Reihenfolge, in der diese Fächer aufgeführt sind, hat nichts mit der Reihenfolge zu tun, in der sie gehört werden. Sie sind nur in einige natürliche Gruppen zusammengefaßt. Es ist völlig klar, daß im ersten Semester die Programmierung einsetzt, und daß das andere parallel läuft. An traditioneller Mathematik sehe ich eigentlich nur die Einführungsvorlesungen und Algebra; diskrete Strukturen, z. B. Schaltalgebra, u. dgl., kann man nicht als traditionelle Mathematik betrachten. Ein frühzeitiges Behandeln der Strukturen der Algebra ist speziell für die Informatiker notwendig.

Ich komme wieder auf den Streit zurück zwischen theoretischer Wissenschaft und Ingenieurwissenschaft: Ist es wirklich sinnvoll, einem Studenten der Ingenieurwissenschaft zuerst ein abstraktes Gebilde der Analysis auf topologischen Grundlagen und Strukturen aufzubauen und ihm später in der Praxis zu zeigen, daß man gewisse Funktionen auch differenzieren kann? Oder ist es sinnvoller, ihm zuerst Inhalte zu geben und aus diesen Inhalten abstrakte Dinge abzuleiten. In derselben Situation ist man mit der Stellung der Logik in den damit zusammenhängenden Fächern am Anfang eines Informatikstudiums. Es ist völlig klar und auch von uns so konzipiert, daß die Logik eine zentrale Rolle im Studium spielen muß; aber es stellt sich die Frage, wie kann ich mich dieses Mittels bedienen, wenn ich noch keine Inhalte habe, auf die ich das Mittel anwenden soll.

Prof. *Knödel:* Zum Thema „Mathematik". Ich glaube nicht, daß die Mathematikgrundausbildung schlecht ist. Ich glaube nur etwas, was Herr Schmetterer schon angedeutet hat, und worunter wir in Stuttgart ebenfalls stark leiden: Die traditionellen Mathematikvorlesungen bedienen sich z. B. des Kontinuums der reellen Zahlen und sind aus diesem Grunde für Informatiker denkbar ungeeignet. Was wir brauchen, wäre entweder eine eigene Mathematikvorlesung (das geht personell nicht) oder eine Konzession der Herren, die die Einführungsvorlesung der Mathematik halten, etwa in Richtung auf Theorie der Berechenbarkeit, Entscheidbarkeit u. ä. mehr.

Prof. *Gotlieb:* I want to raise something which might sound like a complete change of topic except that it is about curriculum and therefore I would like to inject it now. It may be a topic which is not considered as appropriate by most, namely courses, which I label „Computers and Society". I sense some of the changes that have come about in this country's universities through having met students at this meeting, which I recognize a sign of change as it is indeed that has happened in our own university. Only a very short time ago there would have been no students present at a meeting like this. The students, particularly, insist that we examine topics like the effects of computers on society, and more generally the effects of technology on society. I might mention that I with another professor am teaching such a course. Although it is optional it has an enrollment of over 300 students, which gives you some idea of how such a course is accepted. It discusses topics such as computers and employment, data banks, files and privacy, the limits of machine-intelligence, and the limits of quantitative approaches to modelling. There are now beginning to be books on this subject — in fact four have been written since October 1970 — there are also course-outlines and altogether an enormous interest in the topic. I would suggest to you that before long you will want to address yourself to this topic.

Dr. *Rozsenich:* Man sollte endlich von der Tatsache ausgehen, daß in Österreich ca. $^2/_3$ der installierten Großrechenanlagen in betriebswirtschaftlichen Branchen aufgestellt sind, davon ca. $^1/_3$ in den Bereichen Großhandel, Verkehr, Bank, Versicherungen usw. Der Anteil von Großrechenanlagen auf den Gebieten Forschung, Wissenschaft und Ausbildung beträgt nur rund 10%.

Ich möchte damit nicht sagen, daß Zahlen allein schon genügend aussagen, aber man sollte doch bei der Frage der Einrichtung eines Informatikstudiums nicht so tun, als müßte man sich nicht auch die möglichen Anwendungskonzeptionen vor Augen halten. Ich sehe hier ein Mißverhältnis zwischen dem, was heute an möglichen Anwendungskonzeptionen erwartet wird und dem, was im Lehrangebot etwa in Form des Studienplanes „Informatik" geboten werden soll. Es ist keinerlei Platz vorgesehen, um im Sinne einer speziellen Informatik Betriebs- oder Wirtschaftsinformatik mitzuberücksichtigen.

Die Entwicklung zeigt, daß auch in der industriellen Applikation
der Trend zu technisch-wissenschaftlichen Anwendungsmöglichkeiten
im Bereiche der Betriebswirtschaft selbst zu untersuchen ist, weil
auch die herkömmlichen Probleme der Betriebswirtschaft, insbesondere Personalwesen, Rechnungswesen, Produktionssteuerung,
Produktionslenkung usw. selbst einem zunehmenden Prozeß der
Formalisierung und Mathematisierung unterworfen sind und dadurch ebenfalls wieder auf diesem Umweg Gegenstand von technisch-
wissenschaftlichen Untersuchungen werden. Man sollte mitberück-
sichtigen, daß der mögliche Einwurf der zukünftigen Anwender
in der Industrie, also in betriebswirtschaftlichen Anwendungsgebieten, die Frage sein könnte, warum ist im Studienplan so wenig
wirtschaftsorientierte Anwendungskonzeption einkalkuliert worden.
Ein konkretes Beispiel: Es gibt etwa vom betriebswirtschaftlichen
Institut für Organisation und Automatisierung an der Universität
Köln Vorschläge zur Verbesserung der akademischen Ausbildung auf
dem Gebiete der automatisierten Datenverarbeitung. Hier wird versucht, einen Kompromiß zwischen dem Bemühen, die allgemeine
Informatik zu konzipieren und in Ausbildungsplänen zu organisieren,
und den speziellen Wünschen von möglichen Anwendungsbereichen
zu schließen (etwa im Sinne einer speziellen Betriebsinformatik oder
speziellen Wirtschaftsinformatik).

Man darf nicht vergessen: Wenn wir uns Betriebe ansehen, spielt
der Computer zwar eine zentrale Rolle im Gefüge des betrieblichen
Informationswesens, aber keine ausschließliche Rolle. D. h., es sind
betriebsorganisatorische Fragen zu klären, es sind Fragen von
Systemen „Mensch — Maschine" zu klären, die unter Umständen
mit allgemeinen informationstheoretischen Mitteln zu bewältigen
sind. Ich fürchte daher, daß eine zu einseitige Auslegung, sozusagen
ein Kompilat aus ein wenig Mathematik und ein wenig Ingenieurwissenschaft, zu wenig elastisch wäre, um tatsächlich den Bedürfnissen der Praxis Rechnung zu tragen, wobei ich hier einen Ausweg
sehe — da ja dieser Studienplan nichts Abgeschlossenes ist, da man
im Gegenteil ein Feed-Back erwartet. Wenn etwa zukünftige Informatiker in die Industrie gehen und dort feststellen, sie haben zu
wenig gelernt an der Hochschule, dann wird das hoffentlich gewisse
Auswirkungen in Richtung einer Reformierung der Ausbildungspläne haben. Ich würde nur bitten, diesen Umstand mitzuberücksichtigen und sehe also eine gewisse Chance darin, daß die ganze

Konzeption des Informatikstudiums ohnehin elastisch genug sein muß, um rasche Anpassungen in dieser Richtung zu ermöglichen. Ich will damit keineswegs diesen Aspekt in den Vordergrund schieben, glaube aber, daß er mitberücksichtigt werden muß und insoferne besteht hier ein spezifisches Verhältnis zwischen Forschung und Lehre. Es wird sich herausstellen, daß auch das Curriculum selbst, das Lehrangebot selbst und die Ausbildungspläne einem steten Regenerationsprozeß unterworfen werden müssen. Hier ist breitester Raum für eine Anpassung und eine möglichst elastische Konzeption gegeben.

Prof. *Weinmann:* Ich darf Ihnen insofern recht geben, als wir zunächst auf die ersten Semester besonderen Wert gelegt haben und die allgemeine Informatik hervorgehoben haben. Ich will auch andeuten, daß wir den späteren Studienverlauf noch offen gelassen haben, was etwa Wahlpläne in den letzten Semestern anlangt.

Ministerialrat Dr. W. *Frank:* Auf die von Prof. Stetter aufgeworfene Frage, ob man den Beginn des Unterrichtes gleich abstrakt oder zunächst konkret gestalten soll, möchte ich jene Antwort geben, die ich als Student von meinem Lehrer Georg Pólya erhalten habe: „Abstrahieren muß man von etwas.“

Es ist didaktisch unerläßlich, daß ein umfassendes Anschauungsmaterial vorhanden ist, das die notwendige Herausarbeitung der abstrakten Begriffsbildungen in einer Weise ermöglicht, die den Zusammenhang zwischen Theorie und praktischer Anwendung deutlich hervortreten läßt.

Damit komme ich auf das mehrfach diskutierte Thema „Heuristik versus Mathematik“. Zweifellos präsentiert sich die Mathematik als deduktive Wissenschaft. Aber die Form, in der sie zumeist an die Öffentlichkeit tritt, ist das Endergebnis eines langen, geistigen Prozesses, in dem — man denke etwa an die im Landaustil publizierten Abhandlungen — alle vorhergehenden intuitiven Überlegungen einer konzisen und logisch unanfechtbaren Darstellung weichen mußten. Wenn Mathematik richtig gelehrt wird, so muß aber der ganze Denkprozeß vermittelt werden, die spielerische, induktive und erfinderische Seite dieser Wissenschaft ebenso wie die Perfektionierung der Präzision und das Training in der Lückenlosigkeit der Schlußweisen.

Die Mathematik ist, ebenso wie die Ingenieurwissenschaften, eine konstruktive Wissenschaft. Sie unterscheidet sich nur dadurch von den Ingenieurwissenschaften, daß sie mit rein gedanklichen Modellen operiert, während den Ingenieurwissenschaften reale Objekte zugrunde liegen. Ich halte deshalb eine Abgrenzung der Informatik gegenüber der Mathematik mit dem Argument, es handle sich bei der einen um eine induktive, bei der anderen um eine deduktive Wissenschaft, nicht nur für sachlich verfehlt, sondern für schädlich. Ebenso wie die Mathematik zahlreiche Anregungen aus der Physik erhalten hat — denken Sie etwa an die Dirac'sche Deltafunktion und die Theorie der Distributionen — und mit den Methoden, die aus diesen Anregungen hervorgingen, dann die Lösung vieler physikalischer Probleme ermöglichte, ebenso wird die Mathematik stets sehr wesentlich dazu beitragen, ungelöste Probleme der Informatik zu lösen. Deshalb sollte man keine Grenzen errichten, wo die Entwicklung gerade durch die fließenden Übergänge angeregt und beschleunigt wird.

Im vorgeschlagenen Lehrplan sollten zwischen dem 1. und 2. Studienabschnitt Verschiebungen in der Stoffverteilung eintreten. Aussagenlogik und Prädikatenlogik lassen sich sehr früh bringen. Es ist aber unerläßlich, den Studenten ein gutes Rüstzeug an klassischer Mathematik zu geben. Wenn auch die analytische Formulierung von Problemen, etwa der Unternehmensforschung, sich oftmals als zu eng erweist, so gibt es doch immer Aufgaben, die, bevor man sie digitalisiert, zweckmäßig in einem analytischen Gewand formuliert. Ferner hat die formale Logik, die für die Informatik so wesentlich ist, ihre heutige Gestalt dadurch erhalten, daß sie zur Beantwortung von Grundlagenfragen der Mathematik herangezogen wurde, die man verstehen muß, wenn man eine echte Beziehung zu ihr gewinnen will.

Was das Ziel des Hochschulstudiums betrifft — hier unterstütze ich voll die Ausführungen von Prof. Laski — so kann es nicht darin bestehen, die Studenten in allen Details berufsreif zu machen. Was den Hochschüler von einem Absolventen höherer technischer Lehranstalten unterscheidet, ist, daß er nicht nur bestimmte Methoden und ihre Anwendung erlernt hat, sondern daß er vor allem gelernt hat, über diese Methoden kritisch nachzudenken und sie weiter zu entwickeln bzw. an ihre Stelle neue Methoden treten zu lassen. Es ist deshalb ungleich wichtiger, daß der Hochschulabsolvent auf den

Erwerb jener Verfahren geistig vorbereitet ist, die erst in zehn
oder zwanzig Jahren praktisch angewendet werden, als daß er mit
allen Einzelheiten momentan aktueller Einrichtungen vertraut ist,
die in Kürze ihre Bedeutung verlieren werden. In diesem — zu-
kunftsorientierten — Sinne sollte die neue Studienrichtung einen
deutlichen Akzent setzen und Vorbild sein.

Herr *Liwanetz:* Bei den Vorträgen dominieren bisher zwei Richtungen. Die einen sagen, daß die Informatik mehr theoretisch, die
anderen, daß sie mehr praxisnahe gelehrt werden soll. Wenn wir
uns jetzt auf unsere Verhältnisse beschränken und diese Ansichten
übertragen wollen, dann müssen wir uns fragen, ob es für uns möglich ist, diese beiden Gesichtspunkte im Studienplan zu vereinigen,
das heißt, ob wir vielleicht ähnlich wie es Prof. Knödel in Stuttgart
gemacht hat, im Studienplan eine gewisse Zweiteilung einführen
wollen. Eine theoretische und eine angewandte Richtung möchte ich
aber bei den derzeitigen Gegebenheiten für unsere Hochschule ablehnen, weil einfach die Voraussetzungen dazu nicht vorhanden sind.
Wir müssen aber in logischer Folgerung fragen, auf welche der
beiden Richtungen wir uns spezialisieren; ich würde sagen, spezialisieren wir uns auf die Richtung, die den österr. Verhältnissen am
ehesten angepaßt ist: Wir wollen schließlich Studenten für die österreichische Industrie ausbilden und nicht für das Ausland — und
hier muß ich zum Teil an die Worte meines Vorredners anschließen
und betonen, daß wir in Österreich Informatiker ausbilden sollen,
die auch — und vor allem — in der Wirtschaft ihre Verwendung
finden. Herr Herbold hat uns in einem Diagramm gezeigt, was für
eine Lücke noch immer zwischen den maximal erwarteten Absolventen und dem minimalen Bedarf besteht. Daß diese Lücke von Informatikern nur zum Teil ausgefüllt werden kann, ist allen von uns
klar, aber daß sie zum Teil ausgefüllt werden sollte, müßte auch
in unserem Studienplan eine gewisse Berücksichtigung finden. Das
heißt, wenn wir Informatiker auf den Computer „loslassen", auf
die Software als Systemanalytiker, als Planer von Computer-
systemen, dann sollte man nicht vergessen, wo diese Computer
später dienen sollen: In der Wirtschaft, im Handel, im Verkehr, im
Finanzwesen usw. Das sind letzten Endes die Aufgaben, denen der
zukünftige Informatiker gegenübergestellt ist. Es ist daher notwendig, daß wir auch hier gewisse Grundlagen in den Studienplan

einbauen, damit der Informatiker später auch einen Überblick über jenes Gebiet hat, das sekundär sein Anwendungsgebiet sein wird.

Herr *Voak:* Die Frage der Einsatzmöglichkeit der Informatiker in der Industrie läßt sich nicht exakt beantworten, ohne nicht auch gleich einen Vorgriff auf Punkt 2, den Studienplan zu machen. Wenn wir vom Studienplan der technischen Hochschule Stuttgart ausgehen, der eine Trennung in systemorientierte und anwendungsorientierte Informatik vorsieht, dann sehe ich die Einsatzmöglichkeit der systemorientierten Informatiker primär in der Forschung, Entwicklung und Lehre, und zwar einerseits bei Herstellerfirmen, andererseits im Lehrbetrieb. In der Industrie wird der Bedarf relativ klein sein, ich könnte mir vorstellen, daß nur bei sehr großen Installationen, also bei sehr großen Rechensystemen, auch ein systemorientierter Informatiker benötigt wird. Der anwendungsorientierte Informatiker wird meiner Ansicht nach weniger als akademisch gebildeter Programmierer benötigt, als viel mehr für Aufgabenstellungen wie Problemanalyse, als Kontaktmann zu den Problemstellern und als jener Mann, der Problemlösungen effektiv in einem Betrieb realisieren soll, herangezogen werden. Insoferne erscheinen mir einige Lehrveranstaltungen besonders wesentlich, die im Stuttgarter Plan enthalten sind, so z. B. Meßwerterfassung und Umwandlung, Datenerfassung, Datenaufbereitung und Dokumentation. Ich möchte diese Gruppe von Lehrveranstaltungen noch durch zwei Gebiete kurz ergänzen, wobei ich hier nicht an eine komplette Ausbildung denke, sondern nur an ein grundlegendes, einführendes Wissen, nämlich Organisationslehre, Personaleinsatzplanung, Arbeitsablaufsteuerung und ähnliche Themen, sowie an gewisse Grundlagen eines wirtschaftlichen und ökonomischen Denkens. Also nicht eine komplette Ausbildung in Betriebswirtschaft scheint mir notwendig, sondern eine Geistesschulung, die eben nicht nur die rein technischen und mathematischen Aspekte des Einsatzes eines Rechners berücksichtigt, sondern auch die ökonomischen, die rationellen, die wirtschaftlichen Aspekte. Für einen Mann, der in dieser Richtung ausgebildet ist, sehen wir in der Industrie gute Einsatzmöglichkeiten.

Prof. *Eberl:* Eine Zweiteilung der Informatikausbildung in einen system- und einen anwendungsorientierten Zweig fällt mit Bestrebungen zusammen, die an unserer Hochschule bereits im Gange sind. Die Mathematikausbildung erfolgt in einem naturwissenschaftlichen, einem wirtschaftswissenschaftlichen und einem datenverarbeitenden Studienzweig, da wir den Mathematiker auf die besonderen Erfordernisse dieser drei Anwendungsgebiete vorbereiten wollen. Es erscheint durchaus angebracht, durch Einrichtung von Studienzweigen den zukünftigen Informatiker besser auf sein zukünftiges Arbeitsgebiet vorzubereiten.

Prof. *Wirth:* Ich möchte auf den Hinweis antworten, daß die Informatik die Anwendungen nicht vergessen sollte: Haben Sie schon einmal Betriebswirtschaftler den Mathematikern vorwerfen gehört, daß die Mathematik sich zu wenig nach den Bedürfnissen der Betriebswirtschaft ausrichte? Was bleibt anderes übrig, als daß die Betriebswirtschaftler so weit gehen, die Mathematik in ihren Lehrplan einzubauen und ihre Studenten in gewisse Mathematikvorlesungen zu schicken. Und so soll es auch mit der Informatik sein. Ich glaube, daß es über kurz oder lang kaum mehr eine Studienrichtung geben wird, in der die Studenten nicht zu einer oder zwei Informatikgrundvorlesungen verpflichtet werden. Ich glaube, daß die Grundkurse einer Informatikabteilung für fast alle anderen Abteilungen sehr attraktiv sein werden. Aber es kann nicht das Anliegen des Informatikstudiums sein, Leute z. B. in die Betriebswirtschaft einzuführen. Wer an Betriebswirtschaften und Computern interessiert ist, sollte Betriebswirtschaften studieren und zusätzlich Informatikvorlesungen besuchen. Der Einfluß und spezifische Probleme des Computereinsatzes in den Betriebswirtschaften müssen selbstverständlich in einschlägigen Vorlesungen zur Sprache kommen.

DDr. *Koenne:* Ich möchte speziell zu den Chancen und Aufgaben in der Elektrizitätswirtschaft Stellung nehmen: Wir haben in unserem Haus ein ziemlich breites Spektrum von EDV-Arbeitsmöglichkeiten. Im Rechenzentrum beschäftigen wir uns mit Finanzplanungsfragen für den Konzern, die sehr tief in volkswirtschaftliche Probleme hineingehen, mit mathematischer Ausbauplanung in Richtung auf mathematische Modelle für Baufolgen von Kraftwerken. Wir haben weiters Pläne für den Einsatz eines Prozeßrechners bei der Lastverteilung. Ich fürchte, daß wir für alle drei hier aufgezeigten

Arbeitsgebiete nicht Studenten ihrer Studienrichtung Informatik einstellen würden. Für die Fragen des Prozeßrechners und der Lastverteilung würden wir wahrscheinlich Starkstromtechniker nehmen, die bei uns oder im Laufe ihres Studiums etwas über Datenverarbeitung gelernt haben. Wir würden für die mathematischen Modelle unserer Ausbauplanung Mathematiker verwenden, die ebenfalls entweder bei uns oder bereits vorher programmieren und mit Maschinen umgehen gelernt haben. Letztlich würden wir für die Finanzplanung Kaufleute oder Volkswirtschaftler einstellen — und tun das bereits — um aus einer Zusammenarbeit dieser mit Mathematikern und Programmierern die Ökonomie unserer Geldgebarung zu verbessern. Ich fürchte daher, daß Absolventen der Studienrichtung „Informatik" in unserem, im Verhältnis doch breiten Spektrum von Aufgaben keinen Platz finden würden.

Prof. *Weinmann:* Herr Dr. Koenne, ich gebe Ihnen recht, die Informatik soll aber Ergänzungen bringen, statt eine Konkurrenz darzustellen. Jede andere Studienrichtung an der TH wird die Anwendung des Computers ebenfalls aufnehmen. Das Beispiel der Starkstromtechnik wird dies bestens bestätigen. Nur sehen wir es vom Standpunkt der Informatik aus als unmöglich an, alle Grundlagen über die späteren Anwendungsgebiete ausreichend aufzunehmen. Aus diesem Grunde ist zunächst eine Beschränkung auf ein allgemeines Informatikstudium zu verstehen. Ich komme wieder darauf zurück, daß sich im Laufe der Zeit gewisse Schwerpunkte herauskristallisieren werden, in deren Grundlagen der Informatiker während des Studiums eingeführt werden wird.

Prof. *Knödel:* Zunächst dazu, daß Sie, Herr Dr. Koenne, keine Informatiker nehmen werden. Ich vermute, Sie brauchen gar keine. Aber: Wenn Sie einen Elektrotechniker bekommen können, der als Nebenfach Informatik gehört hat, dann werden Sie den einem anderen vorziehen, der diese Kenntnisse nicht hat, und daraus resultiert die Funktion des Dienstleistungsbetriebes „Informatik". In der Diskrepanz zwischen dem, was der Dienstleistungsbetrieb bietet, und dem, was die Anwender wollen, besteht ein echtes Dilemma. Das ist aber kein Dilemma der Informatik, sondern ein Dilemma in der Sache, in welchem sich z. B. die Mathematik schon seit langem befindet. Es ist doch bekanntlich so, daß die Mathe-

matik — etwa die angewandte Mathematik — früher einmal mit
den Anwendern konform ging. Sie hat dann Eigenleben entfaltet
und plötzlich wurde sie für die Anwender nicht mehr anwendbar,
weil diese die angewandte Mathematik nicht mehr verstanden
haben. Dasselbe gilt heute in der Informatik. Ebenso wie es eine
Mathematik für Chemiker oder für Betriebswirte gibt, weil die
angewandte Mathematik nicht mehr verstanden wird, so gibt es
heute schon „Programmieren für Bauingenieuere", weil unsere Vorlesungen dieser Disziplin zu wenig anwendungsorientiert und zu
abstrakt sind. Vor dieser Entwicklung dürfen wir die Augen nicht
verschließen. Das Problem ist noch nicht gelöst. Wenn Wien dieses
Problem löst, so werden wir die Lösung sofort kopieren.

Noch zwei Kleinigkeiten: Die Organisationslehre, die Herr
Voak angeregt hat, verbirgt sich bei uns unter einem anderen
Namen, nämlich unter „Systemtheorie". Zur Forderung, Betriebswirtschaft in den Informatikstudienplan einzubauen: Ich würde diese
Forderung im Sinne von Herrn Gotlieb erweitern. Es ist nicht ein-
ziges Ziel der Hochschule, für die Industrie auszubilden, es gibt
auch noch andere Positionen in der Gesellschaft, die von Akademi-
kern besetzt werden sollen. Daher würde ich vorschlagen, eine Vorlesung „Computer und Gesellschaft" einzubauen, die die Betriebswirtschaft nur als Teilaspekt enthält.

DDr. *Könne:* Es scheint mir wichtig, daß sehr klar — und im
Studienplan eindeutig — zwischen der Informatik als Ergänzung
für andere Fachrichtungen und der Informatik als selbständigen
Studienzweig — im Sinne der Ausführungen von Prof. Zemanek zu
Beginn der Tagung — unterschieden wird. In diesem Sinn würde
die Informatik als eigene Studienrichtung für eine technische Hochschule die Rolle der Philosophie an den Universitäten übernehmen.
Dieser Vergleich ließe sich in folgender Richtung noch weitertreiben:
Die Studenten der TH hätten in Analogie zum Philosophikum — zumindest für das Doktorat — ein Informatikum abzulegen. Im Rahmen dieses Studienzweiges müßten Grundfragen und Methoden,
angepaßt an die Studienrichtungen, gelehrt werden. Das eigentliche Informatikstudium entspräche dann dem Studium der reinen
Philosophie. Es würde sich sehr abstrakt mit den allgemeinen Strukturen beschäftigen und in diesem Sinn möglicherweise die der
Technik adäquate Form der Philosophie werden können. Diese
Analogie könnte noch weiter getrieben werden. Wesentlich ist

jedoch, klar zwischen der Informatik als Ergänzung des Fachstudiums und der „Informatik an sich" zu unterscheiden. Im Rahmen der „Informatik an sich" könnten auch alle sonstigen Bestrebungen nach ausgeweiteten allgemein-bildenden Vorlesungen, wie sie heute für die TH immer mehr gefordert werden, eingeordnet werden.
Hiezu würde unter anderem gehören: Geschichte des abendländischen Denkens, Erkenntnistheorie, Logik etc.

Herr *Voak:* Ich habe in meinen Ausführungen nicht die Forderung nach einer betriebswirtschaftlichen Ausbildung erhoben, sondern eigentlich nur den Wunsch geäußert, während der normalen Ausbildung möglichst auch das wirtschaftliche Denken zu schulen und zu berücksichtigen. Es erscheint mir nämlich sehr wesentlich, daß man nicht unbedingt eine mathematisch schöne und elegante Lösung anstrebt, koste es was es wolle — also um den Preis eines Riesencomputers — sondern daß man sich eben auch als Programmierer, als Systemanalytiker usw. ständig überlegt, wie stehen Aufwand und Nutzen in einem vernünftigen, wirtschaftlichen Verhältnis.

Herr *Höbarth:* Ich möchte zu dem Problem vor allem bemerken, daß es ja nicht nur wesentlich ist, festzustellen: Wir brauchen Leute, die wirtschaftlich orientiert sind und etwas von Informatik verstehen, „oder" wir brauchen Leute, die andere Anwendungsgebiete beherrschen und etwas von Informatik verstehen. Es ist jetzt vor allem wesentlich — wie bilde ich diese Leute aus und wer soll denn die Leute ausbilden, wenn nicht die Informatiker. Ich glaube, daß die Hauptaufgabe der Informatiker in Zukunft nicht darin bestehen wird, irgendwelche neuen Betriebssysteme zu konzipieren, sondern die Leute auszubilden im Programmieren und in der Handhabung von Datenstrukturen. Das ist ein wesentlicher Punkt, der hier viel zu wenig zum Ausdruck gekommen ist.

Prof. *Stetter:* In einem der letzten Diskussionsbeiträge wurde wiederum die ingenieurmäßige Auffassung betont: Nicht Konstruktion im abstrakten Raum, sondern Konstruktion unter den realistischen Begrenzungen, unter denen auch die Kosten eine ganz wesentliche Rolle spielen. Es wurde von den Rednern ja mehrfach betont, daß eben dieser Aspekt eine Rolle spielt; oder — wie Prof.

Zemanek klar gesagt hat — daß auch Probleme wie die Wartung u. dgl., die ingenieurmäßige und betriebswirtschaftliche Fragen sind, zweifellos in diesem Studium eine Rolle spielen müssen. Dabei wäre es jetzt interessant — das würde aber in die Methodologie hinüber führen — festzustellen, wie man den Studenten diese Gesichtspunkte an spezifisch informatischen Fächern, wie Compilerbau u. dgl. wirklich sinnvoll nahe bringen kann. Worauf wird man die Schwerpunkte legen? Welche Fehler muß man vermeiden u. dgl. Fragen mehr tauchen auf.

Ein anderer wesentlicher Punkt ist: Wenn wir Akademiker auf dem Gebiet der Informatik ausbilden, so ist es nicht so sehr deren Aufgabe, unmittelbare Notwendigkeiten zu erfüllen (das sollen Fachschulingenieure tun, die sollen hingestellt werden an das Problem und es lösen können). Dagegen soll der Akademiker neue Wege sehen, er soll ändernd in die Strukturen eingreifen können, er soll auch die Betriebsorganisation nicht als ein Gegebenes hinnehmen, sondern soll sehen, was daran schlecht ist — und es ist an der Betriebsorganistion in den meisten Betrieben genau so viel schlecht wie an der Organisation der Rechenzentren. — Die Gefahr ist hier auch wieder, daß wir auf einem speziellen Gebiet, nämlich in der Betriebswirtschaftslehre, die Leute nur auf den jetzigen Zustand hin ausbilden — außer wir haben die Lehrer, die den Studenten nicht nur Zustände und jetzige Organisationsformen beibringen, sondern Ideen. So ist z. B. der Begriff Informationssystem etwas viel weiteres als der Computer selbst. Da spielt der ganze Betrieb mit hinein. In dieser Beziehung gebe ich den Rednern, die auf wirtschaftliche Ausrichtung drängen, sehr recht: Die Worte Informationssysteme und Datensysteme müssen sehr weit aufgefaßt werden und es sollen sehr verschiedenartige Informationszusammenhänge und Informationsabläufe — ob das Verwaltungsabläufe oder Betriebsabläufe sind — mit einbezogen werden. Strukturelles soll herausgearbeitet werden und zwar an Beispielen, die in einem Teamwork durchexerziert und auch wirklich behandelt werden. Ob man auf lange Sicht etwas Gutes tut, wenn man die Studenten zu speziell in konkrete betriebswissenschaftliche Situationen einführt und sie damit unmittelbar brauchbar macht, ist fraglich. Aber ich glaube, das gilt für alle Ingenieurwissenschaften, daß die Leute, nachdem sie aus der Grundausbildung kommen, zunächst einmal lernen müssen, sich dem speziellen Betrieb anzupassen. Und trotzdem bringen sie dem Betrieb auf lange Sicht, wenn sie gute Ingenieure sind, etwas sehr positives, nämlich Ideen, die über den Betrieb hinausreichen. Unter diesem Gesichtspunkt muß man auch die Informatik sehen.

Dipl.-Ing. *Werner:* An die Ausführungen Herrn Voaks zum Thema Kostenfrage anschließend möchte ich betonen, daß die Frage „Aufwand und Ertrag" auch in bezug auf das Informatikstudium selbst angewendet werden sollte. Ich darf mich hier nachdrücklich der Meinung von Prof. Stetter anschließen, die Kostenfrage in Zukunft noch gründlicher zu diskutieren. Das Thema, das eventuell in diesem Zusammenhang die größte Rolle spielen könnte, ist die Verwendung einer elektronischen Rechenanlage im Zusammenhang mit dem Informatikstudium. Es ist aus den bisherigen Ausführungen hervorgegangen, daß die Auffassungen über den Einsatz eines Computers nicht allgemein auf der gleichen Linie liegen. Einerseits wurde die Meinung vertreten, daß das Informatikstudium selbst eine eigene Anlage benötigen würde, andererseits wurde die These vertreten, daß gerade die Informatiker in der Lage sein sollten, durch ihre Kenntnisse mit den vorhandenen Mitteln auszukommen und die vorhandenen Anlagen entsprechend adaptieren zu können. Jedenfalls bedarf diese Frage noch der gründlichen Klärung, und ich plaudere nicht aus der Schule, wenn ich feststelle, daß auch im Zusammenhang mit den Berufungsverhandlungen sehr oft die Meinung vertreten wird, eine Berufung könne nur dann angenommen werden, wenn ganz bestimmte, oft bis auf den genauen Kostenumfang der Anlage definierte Anforderungen vorher garantiert sind. Allein daraus wird ersichtlich, wie ernst und wie wesentlich die Kostenfrage im Zusammenhang mit dem Informatikstudium ist. Ich glaube auch, daß die Erfahrungen, die man in allerjüngster Zeit durch die Zusammenarbeit auf dem Gebiete der Rechenzentren in Österreich gewonnen hat, darauf schließen lassen, daß die Auslastung und die Vertretung von Forderungen sowohl in personeller als auch in maschineller Hinsicht viel leichter und viel begründeter vorgetragen werden können, wenn man auf die Zusammenarbeit von ein oder mehreren großen Hochschulen, insbesondere in Wien (der Universität und der TH) hinweisen kann. Auch aus dieser Perspektive läßt sich die Frage der Anschaffung eines Computers im Zusammenhang mit dem Informatikstudium — durch die Zusammenarbeit zwischen

Universität und TH — fruchtbringend stimulieren. Ich bin überzeugt und habe vollstes Vertrauen, daß die hervorragenden Fachleute, die sich in diesem Kreis mit der Errichtung des Informatikstudiums befassen, profunde Pläne, die Finanzplanung betreffend, ausgearbeitet haben und diese Pläne noch ergänzen werden. Diese Vorgangsweise wird sicher dem Bundesministerium für Wissenschaft und Forschung, das ja dann für die Deckung des Finanzbedarfes verantwortlich ist und diesen Finanzbedarf gegenüber anderen Finanzressorts vertreten muß, die Interessensvertretung der Hochschule außerordentlich erleichtern.

Ministerialrat Dr. *Frank*: Ich stimme dem, was über die Notwendigkeit des Informatikstudiums gesagt wurde, zu. Wir stehen am Beginn der Entwicklung und können deshalb von der augenblicklichen Verwendung der Computer in der Wirtschaft keine Schlüsse auf den künftigen Bedarf an Informatikern ziehen.

Der Computer ist jedenfalls ein Grundphänomen unserer Zeit und wird dies künftig bleiben. Er ist anders entstanden als die meisten Produkte, mit denen wir es sonst zu tun haben — durch einen künstlichen Markt und durch eine Konzentration fast aller Potenzen bei den Lieferfirmen, die nicht nur die Geräte, sondern auch die Anwendungsberatung durchführen. Doch scheint jetzt die Zeit reif dafür zu sein — analog jener Phase im Elektrizitätswesen, als sich Versorgungsunternehmen klar von den Geräteerzeugern abgehoben haben — daß die Projektierung von Anlagen durch die Betreiber dieser Anlagen selbständig erfolgt und daß ein Dialog auf gleicher Ebene zwischen Betreibern und Erzeugern von Computern zustande kommt, der den weiteren Fortschritt sicherlich beleben wird. Deshalb benötigt auch ein Land, das keine Computer baut, Fachleute, die genau wissen, wie man Computer baut. Es ist daher durchaus gerechtfertigt, auch in Österreich die systemorientierte Ausbildung durchzuführen.

Man muß sich dabei allerdings klar darüber sein, daß durch die neue Studienrichtung kein neues Begabungspotential erschlossen wird, sondern daß sich dem Informatikstudium vor allem solche Personen zuwenden werden, die sonst Nachrichtentechnik, reine Mathematik, Ingenieurmathematik oder Physik studieren würden.

Wenn man aber bedenkt, daß in ein bis zwei Jahrzehnten die Datenfernübertragung und die Datenverarbeitung den gleichen Um-

fang haben werden wie die konventionelle Informationsübertragung
über das Fernsprechnetz, so ist es klar, daß man schon heute die
Informatiker dringend benötigt, die — firmenunabhängig ausgebildet — die notwendige Planung der Datenübertragungsnetze und
die Programmierung der Computer durchführen, sowie die Lösung
jener Fragen vorantreiben, die derzeit noch ungelöst sind.

Die Auffächerung der schon bestehenden Studienrichtungen
durch die neue Studienrichtung ist sachlich wie wirtschaftlich voll
begründet.

Prof. *Eberl:* Ich möchte eine Bemerkung von Herrn Knödel, die
mir sehr wichtig erscheint, etwas ergänzen. Der Informatiker muß
auf die Gruppenarbeit vorbereitet werden. Die Nötigung zur Gruppenarbeit ist allgemein und wir müssen die Erziehung zu ihr in der
einen oder anderen Form institutionalisieren.

Die Gruppenarbeit von Mathematikern, Technikern und Wirtschaftsfachleuten ist anfangs fast immer durch den Umstand sehr
belastet oder beeinträchtigt, daß alle drei Gruppen verschiedene
Sprachen sprechen und eine gemeinsame Sprache erst mühsam erarbeitet werden muß. Der Informatiker sollte daher bereits während
seiner Ausbildung die Sprache des Betriebswirtes und des Volkswirtes kennen lernen. Er braucht dazu kein ausgebildeter Betriebs-
oder Volkswirt zu werden, sollte aber die wichtigsten Grundbegriffe
dieser Wissenszweige kennen, und in diesem Sinne erscheint mir
die Aufnahme wirtschaftswissenschaftlicher Lehrveranstaltungen in
einen Studienzweig der angewandten Informatik als sehr ratsam.

Dipl.-Ing. *Margulies:* Gestatten Sie, daß ich als Gewerkschafter
zunächst das große Interesse zum Ausdruck bringe, welches die
Interessenvertretung der Arbeitnehmer an der hier behandelten Thematik hat. Wir haben dabei sowohl die Entwicklung des Fachgebietes,
wie auch die Perspektiven des zukünftigen Angestellten zu beachten,
woraus sich eine Diskrepanz zu den Anliegen der Anwender ergibt,
die ihre kurzfristigen Personalprobleme in den Vordergrund stellen
und hiefür Lösungen suchen. Ich möchte mich den Auffassungen von
Prof. Stetter und Ministerialrat Frank anschließen; auch ich glaube,
daß das Informatikstudium eine Ausbildung bieten soll, die den
Absolventen für die Bewältigung von Ingenieuraufgaben, für die
Lösung neuer Probleme und für die Entwicklung neuer Strukturen

vorbereitet, Aufgaben, die eben grundlegend anders gelagert sind als sie etwa der Absolvent einer höheren technischen Lehranstalt zu erfüllen hat. Wollte man hingegen die derzeitigen Anwenderwünsche bei der Gestaltung des Informatikstudiums berücksichtigen, dann wären wahrscheinlich die Anwender selbst am wenigsten mit den Absolventen zufrieden, die dann in fünf Jahren zur Verfügung stehen. Die Entwicklung geht eben, wie wir alle wissen, so rasch vor sich, daß ein zu spezialisiertes und anwendungsorientiertes Studium das nicht berücksichtigen kann. Deswegen scheint es mir entscheidend, daß gerade die Studenten der Informatik auf die Notwendigkeit ständiger Weiterbildung orientiert werden und dann auch als Absolventen die Möglichkeit ständiger Weiterbildung erhalten.

Was das Problem Computer und Gesellschaft betrifft, verstehe ich darunter nicht so sehr die Anwendung des Computers in den Gesellschaftswissenschaften, obwohl auch das sehr wichtig ist, sondern vielmehr die Beschäftigung mit den Auswirkungen des Computers auf Mensch und Gesellschaft in einer eigenen Lehrveranstaltung. Diese Auswirkungen sind keineswegs eindeutig definiert, sondern sind weitgehend beeinflußt von den Menschen, die mit dem Computer arbeiten. Wie weit die technische Entwicklung dem Menschen zugute kommt, ihm interessantere Aufgaben und inhaltsreichere Arbeit bietet, der Entfaltung seiner Persönlichkeit und seiner schöpferischen Fähigkeiten neue Wege eröffnet oder im Gegenteil seine Entwicklung und damit die Entwicklung der Gesellschaft behindert, das sind sehr entscheidende Fragen. Deshalb halte ich es für eine äußerst wichtige Aufgabe der Hochschule, dem Informatiker auch seine gesellschaftliche Verantwortung bewußt zu machen, ihm die sozialen und soziologischen Probleme zu zeigen, die sich aus seiner Tätigkeit ergeben können und ihn so auf seinen Beruf in umfassendem Sinne vorzubereiten. Dazu bedarf es entsprechender Lehrveranstaltungen, die in den Lehrplan eingebaut werden und schon jetzt, bei der Erstellung der Studienpläne, berücksichtigt werden sollen. Dies entspricht übrigens auch den Empfehlungen, die von internationalen Körperschaften gegeben werden.

Herr *Höbarth:* Zur Frage der eigenen Anlage für die Informatiker: Es wurde festgestellt, daß die Informatiker imstande sein müssen, die bestehenden Gegegebenheiten besonders gut auszunützen. Das ist richtig, aber auch der beste Ingenieur ist nicht imstande, ein Goggomobil zu einem Lastwagen umzufunktionieren. Wir haben einfach keine Rechenkapazitäten. Sämtliche Leute, die anwendungsorientiert an der Anlage arbeiten wollen — und das sind sehr viele, denn die Datenverarbeitung wird heutzutage von allen Disziplinen, die an der TH gelehrt werden, dringend benötigt — wollen auch an der Anlage rechnen. Wir würden eine Anlage benötigen, die etwa die zehnfache Kapazität hat und die könnten wir dann garantiert auch noch auslasten, wenn man voraussetzt, daß die derzeitige Expansion weiter anhält.

Dr. *Laski:* I would like to mention three areas (I think it is three) where we have failed in running our Computer Science course and put it forward to you as problems where you need to make investments and to be prepared. The first is this: the student of Informatics requires an entirely different use of the machine to the use required by the student of some other engineering subject. It could be provided on the same machine, but the student of Civil Engineering wants to solve his bridge-building problem — he does not care how, the student of Informatics wants to discover how he has solved his problem, and in order to do this, he needs software systems and programming facilities that are different and have different objectives to those that are traditionally provided by the computing center. Now, it is easy to get students as exercisers to provide you with these facilities, but they will not maintain them for use. And — unless you invest in technicians who can handle the documentation and the servicing of the facilities that the Informatics student requires — then you are going to waste a great deal of student time, less valuable perhaps, you will waste a great deal of teachers time, less valuable you will waste a very great deal of computer time. But you do not want — in my opinion — to have a separate computer and a separate system for the Informatics student, as compared with the general service that is provided. Because otherwise, you will feel a conflict between the Informatics and the general computer user. And the general computer user will dig into his practices of the past and will not be informed and extended by the facilities that the study of Advanced Computing Methods in an Informatics course can make available. So what you require is the ability to pick up and carry on and make available the facilities that are needed within the computing center for the Informatics student and to spread them where appropriate to all other disciplines.

The second problem that we have found of great seriousness in our courses is the investment in tools of understanding that are required of the student of Computer Science — as we call it. If the Mathematics or the Electronic Engineering is given at first as a foundation for the Computer Science, he will take it as qualification and forget it! There is no point in giving the student the tools of understanding until he needs them and till he already has sufficient experience and practice of programming problems to know that he cannot cope with them to know that he cannot understand, to know that he cannot accept the demands that are made on him.

On the third point that I want to make, which is a great triviality, but perhaps important, — I am told that we have students here, perhaps one thing we should be asking is what do they expect from a course in Informatics? I have discussed in the bar with our students, why, they say, are you giving us all these advanced ideas, all we need is *Fortran* and operating system/360. And I say, well, if you want to die in two years or three years, — good enough! But I don't wan to waste my time teaching you! And expectations of the students when they arrive seem to me one of the vital motivating forces in any success. Some students have been advised that Computer Science is much easier and a softer option than Mathematics, and you don't have to think nearly as hard. My experience is that you have to think a great deal harder because the subject is so much less well defined and changes so rapidly, and there is so much garbage published. So, may I hope that we can know what the students here expected when they arrived and what they think they should be expecting and demanding from the faculty.

Prof. *Zemanek:* Ich möchte in der Diskussion einen Schritt zurückmachen und zwar nichts Neues sagen, aber ein paar Dinge präziser wiederholen: Niemand hat es ausdrücklich gesagt, und dennoch ist in der Diskussion durchgeklungen, der Informatiker müßte eine Art Universaldolmetscher der Computerbenützer werden, der sämtliche Sprachen spricht, die da herumliegen und benutzt werden; er müßte eine Art Superneurokybernetiker sein, der alles unter einen Hut bringt. Ich glaube, davor sollten wir uns sehr hüten. Eine Studienrichtung definiert nicht nur einen Studienplan, sondern eine Geisteshaltung und später vielleicht sogar die Wissenschaft selbst. Und darüber hinaus müssen wir uns vor Augen halten, daß der Computer nicht ein Informationsgenerator ist, sondern ein Informationsvernichter. Er reduziert nämlich auf die wesentliche Information. Und das gleiche müssen wir hier tun. Man hört heute so oft, das Feld sei so riesengroß, noch dazu ändere sich alles unentwegt. Nun lauten die Fragen ganz einfach: Wie reduziert man, und was bleibt gleich? Welches sind die fest bleibenden Dinge in der Welt der Erscheinungen?

Die Antwort ist sehr einfach: Was bleibt, sind die Grundlagen. Die Physik mag sich noch so radikal entwickeln, die grundlegenden Gesetze bleiben gleich. Einstein hat 10% zu Newton dazu getan; 90% der Physik ist immer noch der alte Newton. Und so ist es auf allen Gebieten.

Damit komme ich auf Prof. Schmetterer zurück: es ist selbstverständlich, daß die Informatik auf die vorhandenen Wissenschaften, insbesondere eben auf die vorhandenen Erkenntnisse der Mathematik (freilich in möglichst moderner Form) zurückgreifen muß. Worauf es ankommt, ist, in der Informatik die Grundlagen aus den vielen Erscheinungen, die es um den Computer herum gibt, herauszuisolieren und somit das Wesentliche herauszuziehen und vorzutragen. Ich möchte deshalb Ministerialrat Frank und dem von ihm zitierten richtigen Satz zustimmen: Abstrahieren muß man *von* etwas. In diesem Sinn sind die Beispiele wesentlich, aber man muß immer von dem Beispiel weiterkommen zur abstrahierten Generalität, und deswegen habe ich in meinem Einführungsvortrag so sehr auf diese Abstraktion hingewiesen. Ich will ja den Informatiker letztlich nicht als rein abstraktes Wesen sehen, aber wenn man das nicht unentwegt tut, geschieht auf dem Gebiet sicher zu wenig.

Dr. *Spindelberger:* Soll man in einem Studienplan für Informatik einige Branchen betonen? Soll man z. B. mehr betriebswirtschaftliche Themen hineinnehmen, mehr kommerzielle und administrative Anwendungsgebiete behandeln? Ich möchte als Vertreter einer Computerfirma der Studienkommission sehr empfehlen, den Lehrplan für Informatik möglichst branchen-invariant zu gestalten. Es ist zwar richtig, daß derzeit in Österreich etwa 90% der elektronischen Rechenanlagen für kommerzielle und administrative Aufgaben und etwa 10% der Computeranlagen für mehr oder weniger wissenschaftliche Aufgaben eingesetzt sind. In den USA ist dieses Verhältnis etwa 80 zu 20. Es wäre aber dennoch unrichtig, sich beim Aufbau der Studienrichtung für Informatik von den derzeitigen Prozentsätzen leiten zu lassen und anzunehmen, daß sie sich im nächsten Jahrzehnt nicht verändern werden. Das Gegenteil wird der Fall sein: Dem Computer werden sich in den nächsten Jahren ganz neue Anwendungsgebiete eröffnen, so z. B. in der Medizin, in der Rechtsprechung, im Bibliothekswesen, in der Soziologie, usf. Vielversprechende Ansätze auf diesen Gebieten gibt es bereits, und die Studien, welche von den Computerfirmen zur Erforschung neuer Anwendungsgebiete durchgeführt werden, lassen erwarten, daß dem Computer auf den soeben genannten Gebieten eine, gemessen an dem Fortschritt der Menschheit, bedeutend größere Rolle zukommen wird, als in den bisherigen kommerziellen und administrativen Bereichen. Für den Einsatz des Computers in Medizin, Rechtsprechung Bibliothekswesen, Soziologie usw., gibt es bereits sehr konkrete Vorstellungen, und zwar sowohl seitens der Computerfirmen als auch seitens der Computerbenützer.

Bei der Realisierung solcher Vorstellungen gibt es jedoch noch enorme Schwierigkeiten, und zwar deshalb, weil bei den Computerbenützern diejenigen Fachkräfte fehlen, die wissen, wie man Informationen aus den Bereichen Medizin, Rechtsprechung, Politik, Bildungswesen, Bibliothekswesen usf. exakt und formal erschließt, verknüpft und in Informationssystemen speichert, und die ferner wissen, welche Wertmaßstäbe den Informationen zuzuordnen sind, welche Rückkoppelungseffekte bei der Informationsverarbeitung auf die Gewinnung neuer Informationen auftreten, und die schließlich gelernt haben, in welcher Weise die Computer hiefür einzusetzen sind. Als Beispiel sei der Einsatz des Computers für die diagnostische Hilfestellung in der Medizin erwähnt:
Die Mediziner haben begreiflicherweise große Schwierigkeiten, die zu diagnostischer Hilfestellung erforderlichen Daten hierarchisch zu strukturieren, zu verketten und die Symtomatologien mit Hilfe der symbolischen Logik computergerecht aufzubereiten. Was in den Kliniken, in denen die diagnostische Hilfestellung mit dem Computer in Angriff genommen wird, fehlt, ist ein Spezialist für die Informationstechnik, eben ein Informatiker.
Ähnliche Schwierigkeiten wie in der Medizin gibt es auch auf den anderen vorhin erwähnten Gebieten. Ich möchte daher warnen,

im Studienplan für Informatik die Betriebswirtschaft zu sehr zu betonen. Der Informatiker sollte möglichst vielseitig in der Praxis verwendbar sein. Das Basiswissen, das diese Spezialisten brauchen, um in den soeben genannten Wissensgebieten arbeiten zu können, sollten sie erst in der Praxis erwerben oder sich in Nebenvorlesungen aneignen. Von einer Spezialisierung auf ein bestimmtes Anwendungsgebiet schon während der Studienzeit ist daher abzuraten.

Zu den Einsatzmöglichkeiten für Informatiker möchte ich noch folgendes sagen: Einer der Teilnehmer hat Zweifel geäußert, daß das Produkt, das aufgrund des bestehenen Informatiklehrplanes von der Technischen Hochschule Wien herangebildet werden soll, in der Praxis einsetzbar sein wird. Diesen Zweifel teile ich nicht. Genauso, wie der Mathematiker heutzutage in den verschiedenen Zweigen der Industrie, der Wirtschaft und der Forschung, benötigt wird und ohne Schwierigkeiten Einsatzmöglichkeiten findet — eben wegen seiner branchen-invarianten Ausbildung — so wird auch der Informatiker seine Einsatzgebiete finden, so z. B. in den vorhin erwähnten Bereichen Medizin, Rechtsprechung, Bibliothekswesen, Bildungswesen und natürlich auch in der Industrie.

Prof. *Weinmann:* Darf ich nun übergehen zu unserem nächsten Punkt — zu den Fragen der Gestaltung des Studiums. Ich frage Sie dabei nach Ihrer Meinung über die Gestaltung und Gewichtung von Vorlesungen, von Pro-Seminaren, von Seminaren usw. (Zum Teil ist das Teamwork vorweggenommen worden). Ich würde auch um allfällige Anregungen darüber bitten, wieviel Rechenzeit im Durchschnitt ein Informatiker im Laufe seines Studiums oder pro Semester zugeteilt erhalten soll, und welche Systeme man bei der Gestaltung der Vorlesungen organisatorisch einsetzen kann.

Prof. *Stetter:* Ich möchte hier konkrete Fragestellungen geben, über die wir uns Gedanken machen könnten. Z. B. wie das Bewußtsein der Limitationen, innerhalb derer der Informatiker als Ingenieur der Informatik tätig ist, in einer Vorlesung über Programmiersysteme, über Compilerbau zum Ausdruck kommen kann. Wie soll eine solche Vorlesung angelegt sein, welche Fehler muß sie vermeiden, worauf soll sie besondere Betonung legen, damit diese Gesichtspunkte dem Studenten sozusagen in Fleisch und Blut übergehen. Ein Punkt, der vom Kollegen Wirth schon genannt wurde: daß es genauso wichtig oder vielleicht noch wichtiger ist, daß ein Student Programme lesen kann, wie daß er sie schreibt.

Solche Fragen sind es, mit denen wir hier versuchen sollten, zu konkreten Ergebnissen zu kommen, die uns hier in Wien ganz wesentlich helfen sollen. Wir sind ja schließlich die Hilfesuchenden, wir sind dabei, aufzubauen, haben nur unzulängliche Mittel im Moment, ein unzureichendes Personal, und sind eben für jede Hilfe dankbar. Gerade da ist es wichtig, daß wir mit den bescheidenen Mitteln, die wir haben, das Beste machen.

Vielleicht darf ich noch nachträglich bemerken: Dieser Studienplan, den Sie hier ausgeteilt bekommen haben, wurde nur für den heutigen Tag geschrieben, um überhaupt eine Unterlage zu haben. Vielleicht ist der erste Teil, auf dem Sie auch Stundenzahlen sehen, nicht ganz unrealistisch im gegenwärtigen Planungsstand, in den zweiten Teil haben wir einfach hineingeschrieben, was in die formalen Gegebenheiten, die uns durch die Gesetzgebung vorgeschrieben sind, hineinpassen würde. Aber die Realisierung ist davon abhängig, wen wir überhaupt auf unsere Lehrkanzeln berufen können.

Der wesentlichste Punkt wäre also jetzt, auf konkrete Fragen einzugehen; eine solche Frage wäre etwa: Wie kriegt man dieses konstruktive Bewußtsein? Eine Vorlesung tendiert immer zur Analyse. Wie bekommt man das Konstruktive hinein? Wie könnte man Labors, praktische Übungen gestalten, welche Art von Projekten sind hiefür geeignet, sollte man hiebei umfangreiche Anwendungsbeispiele mindestens in einem Stadium des Studiums einbeziehen. Ich habe jetzt absichtlich eine Menge von Dingen angeschnitten um zu zeigen, was wir von den versammelten Experten insbesondere hören wollen.

Prof. *Freeman:* Ich habe schon vorher gesagt, daß ich das Laboratorium für sehr wichtig halte in der Ausbildung von Informatikern. Ich bin ganz einverstanden mit der Meinung meines Koll. Prof. Laski, daß man alles auf einem Hauptcomputer machen kann. Soweit es möglich ist, sollte man es schon tun, aber es gibt Fälle, wo es einfach nicht möglich ist, weder ökonomisch noch praktisch. Vor kurzem war einer meiner Studenten interessiert, ein neues System auszuarbeiten für Kommunikation zwischen Computern. Der Hauptcomputer, der normalerweise benützt wird, ist ein UNIVAC 1108, aber um dieses System auszuarbeiten, müßte der 1108 für mehrere

Stunden für diesen Studenten exklusiv bereitgestellt werden. Das wäre viel zu teuer und da natürlich auch viele andere Leute den Computer benützen müssen, kann man dem Studenten den Computer für mehrere Stunden nicht zur Verfügung stellen. Zu diesem Zweck braucht man andere Computer, nicht nur kleine Mini-Computer, sondern auch mittelgroße Computer. Jedenfalls müssen sie groß genug sein, damit man ein Operating-System oder ein Kommunikationssystem ausprobieren und etwas dabei lernen kann. In einem Laboratorium sollte man verschiedene Computertypen haben. Ein großer Computer soll natürlich vorhanden sein, damit man die Möglichkeit hat, sehr große Probleme zu bearbeiten. Weiters sollte ein Computer mittlerer Größe und auch ein Mini-Computer für spezielle Zwecke vorhanden sein, um dem Studenten die Möglichkeit zu geben, mitunter sogar wochenlang an ganz speziellen Problemen zu arbeiten. Auch Time-Sharing- Terminals sollten vorhanden sein, damit man sehen kann, wo die Vor- und Nachteile bei den verschiedenen Methoden der Computerbenützung sind. Einige Worte noch zu der Frage, ob Studenten als Team arbeiten können. Wir haben gefunden, daß es oft sehr vorteilhaft ist, wenn zwei Studenten zusammen arbeiten. Oft lernt ein Student mehr, wenn er mit einem anderen Studenten gut zusammenarbeitet, als wenn er allein arbeitet. Aber mehr als zwei — diese Erfahrung haben wir gemacht — sollten nicht zusammenarbeiten, denn es ist dann immer einer dabei, der nicht arbeitet.

Herr *Liwanetz:* In der Informatik ist zumindest genauso stark wie in allen anderen Studienrichtungen — ich würde sogar sagen, in einem besonders starken Maße —, die selbständige Arbeit des Studenten erforderlich und diese muß systematisch anerzogen werden. Die Professoren sollen sich stets vergegenwärtigen, daß man von zwei Tatsachen ausgehen muß: Erstens, daß zu Beginn des Studiums im ersten Semester die Befähigung des Studenten zur selbständigen Arbeit gleich Null ist. Auf österreichischen Mittelschulen wird leider nicht zur selbständigen Arbeit erzogen, obwohl diese an den Hochschulen von Anfang an verlangt wird. Zweitens ist wieder der selbständige Aspekt in der Diplomarbeit oder in einer späteren Situation höher zu bewerten als er — so glaube ich — derzeit bewertet wird. Der Sprung zu einer vollständig eigenen Arbeit und einer vollständig eigenen Verantwortung bezüglich eines Sachgebietes ist heute noch sehr groß und wird in keiner Weise hinreichend überbrückt. Ich kann mir die Möglichkeit, Studenten vom ersten Semester an schrittweise auf eine zielbewußte, selbständige Arbeit hinzuführen, folgendermaßen vorstellen: man beginnt mit Übungsbeispielen, die später in bestimmten Praktika erweitert werden, wo auch mit Kollegen zusammengearbeitet wird und setzt in Seminaren fort, in denen der Student sich selbständig mit der Literatur auseinandersetzen und über ein gewisses Wissensgebiet Vorträge halten muß und gipfelt in der Diplomarbeit. Aber hier müßte ein kontinuierlicher Übergang vorhanden sein statt der zahlreichen Brüche, die im derzeitigen Ausbildungssystem noch vorhanden sind.

Prof. *Zemanek:* Herr Kollege, Sie haben recht, und Sie haben zugleich völlig unrecht. Wir erwarten von einem Studenten, daß er den Weg, den Sie da anschneiden, selbst findet, denn es ist genau das, was er den Rest seines Lebens tun muß. Erwarten Sie nicht, daß Sie später in der Industrie eine glatte Bahn bekommen. Dort ist das Chaos um zwei Zehnerpotenzen größer als jenes, das Sie im Augenblick beklagen. Man muß rechtzeitig damit anfangen, sich selber damit auseinanderzusetzen.

Prof. *Gotlieb:* I must make just a very brief point in answer to Prof. Stetter's question on Methodology. By far the most important single contribution that we have found to Methodology is to have a very fine in-core compiler. The basis of this is the well-known Watfor-Compiler, developed at the University of Waterloo, but the particular compiler we have has been extended to take other languages beside *Fortran*. It accepts Assemblerlanguage, PL/I and incidentally *Algol-W*. It is very important to have different languages, which you can plug into such a compiler, and Prof. Wirth happens to be an expert in the design of such languages. We find that we have 4.000 students a day using this system. This handles all undergraduate Engineering students, all of the undergraduate Science students and the first two years of the Informatics course. After that they need more sophistication. And the average cost of performing a job is only 25 cents.

Prof. *Atchison:* I certainly concur in what Prof. Gotlieb said about the existence and use of the fast compilers. In reply to

Prof. Stetters remark, I would like to say, that we make very heavy use at the University of Maryland of projects in the courses where they actually utilize the computer. We consider this a very essential part of the courses, even the undergraduate ones. Many diverse courses utilize the computer for a variety of projects including information storage and retrieval for example. Some projects are run as batch jobs on the computer, but many are run from remote terminals. I would also like to go back and make a remark about something Prof. Laski said earlier. If I understood him correctly, he commented that he felt that the Computer Science Department should use the regular machine rather than have one of its own. While I do not want to argue with this too strongly, I do want to point out that in our Country there is a strong trend toward Computer Science Departments obtaining a computer of their own if they can afford it. At the University of Maryland we recently obtained enough extra money to purchase a small computer for our Computer Science Department and we are now looking for one. I think our efforts are typical of the trend. I also know, that at the world conference on Computer Science Education in Amsterdam, the participants in each of the University Computer Science Education sessions were expressing their needs for computers and other laboratory equipment for their Department, so that they could carry out experiments that would not interfere with the use of the regular computers to satisfy the service needs for the rest of the campus.

Prof. *Wirth:* Die Frage des separaten Computers ist offensichtlich ein Anliegen, auf das man hier eine Antwort sucht. Es ist mir klar, daß die Kurse, besonders die systemorientierten Kurse und die Programmierkurse, stark von der Organisation der Praktika abhängen. Wir brauchen Praktika; der Student braucht sehr viel Zeit für Übungen. Aber ich persönlich glaube nicht, daß dies eine Rechtfertigung für eine eigene Maschine ist. Der heutige Großcomputer ist ein unglaublich leistungsfähiges Instrument. Wenn wir durchschnittliche Studentenarbeiten betrachten, die auf einem effizienten und dafür ausgerichteten System ausgeführt werden, dann mögen Sie ein oder zwei Sekungen Rechenzeit beanspruchen. Wenn Sie nun 4.000 solche Jobs im Tag produzieren, dann liegt der Bedarf noch immer in einer Größenordnung von Minuten.

Bevor man eine Rechenanlage anschafft, ist es aber absolut unerläßlich, sich vorher genau zu überlegen, wie die Rechenzeit nachher eingesetzt und verteilt werden soll. Die Unterrichtsbedürfnisse rechtfertigen eine eigene Anlage nicht. Daher: Wenn Sie eine gemeinsame Maschine haben, und für den Informatikbetrieb eine gewisse Priorität zugesichert bekommen, dann steht gar nichts im Weg, auch speziellere Bedürfnisse der Informatik-Abt. zu erfüllen.

Wir haben an der ETH Zürich vor einem halben Jahr einen Großcomputer eingeführt. Selbstverständlich hat man sich nie genau Gedanken darüber gemacht, wie die Rechenzeit verteilt werden soll. Als Folge davon stehen wir heute vor der Tatsache, daß diese Maschine, welche ungefähr die zehnfache Leistung der vorangehenden besitzt, breits fast ausgelastet ist. Das ist eine Feststellung, die wir auch machen würden, wenn die Maschine 30 Mal leistungsfähiger gewählt worden wäre. Solange wir die Computerzeit nicht budgetieren, stellt sich die Nachfrage nach dem Angebot ein.

Ich glaube ferner nicht, daß man für die Informatik-Abteilung eine große Maschine braucht; in gewissem Sinn ist eine große Maschine sogar hinderlich. Man soll nämlich beim Informatik-Studium lernen zu denken anstatt nur zu probieren. Man sollte eigentlich zu dem Punkt kommen, in dem man Programme kreiert, ohne sie auf der Maschine ausführen zu müssen, weil man ohnehin sicher ist, daß sie richtig sind. Das ist allerdings ein Idealzustand, der anzustreben ist; er wird wahrscheinlich nie erreicht werden. Aber, die heutige Unsitte, Programme zu machen, zu basteln und sie nachher — unter großem Aufwand an Computerzeit — auszutesten, ist etwas, was eigentlich für Akademiker recht unwürdig ist und deshalb würde ich verneinen, daß für eine Informatik-Abteilung eine sehr leistungsfähige Maschine notwendig ist. Hingegen sollte eine Maschine zur Verfügung stehen, welche Probleme ausführen kann, die unter Umständen großen Speicheraufwand erfordern. Da solche speicheraufwändigen Probleme aber oft nur kurze Rechenzeiten benötigen, ist eine zentrale, nicht informatikeigene Maschine wiederum die ökonomisch beste Lösung.

Prof. *Zemanek:* Es gibt den alten Scherz, daß jemand, der die Verwendung eines Computers in einem Betrieb wirklich ausführlich vorbereitet, schließlich daraufkommt, daß er den Computer gar nicht braucht, weil mit der vorhandenen Man-Power die gleiche Arbeit leicht ausgeführt werden kann. Das gilt sicher für einen Großteil der hochwertigen wissenschaftlichen Arbeit, die man auf dem Gebiet der Informatik betreiben kann. Ein Beispiel dafür ist die Arbeit an formaler Definition in Wien: Wir haben nur eine beschränkte Zahl von Aufgaben über den Computer ausgeführt — dazu war dann allerdings ein sehr großer Computer notwendig.

Das scheint die Schwierigkeit hier zu sein: Sie brauchen auch beim Hochschulbetrieb eine sehr große Maschine, aber jeweils nur kurze Zeit und deshalb entsteht eine zweite Schwierigkeit, denn in sehr vielen Betriebssystemen ist die flexible Art, die man brauchen würde, nicht realisierbar. Man stößt gegen Verwendungsgrenzen, die sich unter Umständen sehr unangenehm auswirken, und dann wäre natürlich die eigene, etwas kleinere Maschine sympathischer als die große, bei der man in Gefahr kommt, an Ecken anzustoßen, mit denen sich auseinanderzusetzen nicht sehr angenehm ist.

Prof. *Laski:* One must cut one's coat according to one's cloth — one must design projects and propose projects for one's students that are educative whithin the range of the resources that one has. If one has a large central machine, it is my opinion that the majority of Computer Science and Informatics training work can be performed upon that machine. But undoubtedly, there will always be particular experiments that require a special dedicated hands-on experience. Now, if the central machine is not completely loaded, you can use it, it's uneconomic, but why not? Because otherwise it would not be in use! — Look, if you have within the computing center a couple of very small machines- the kind of thing that costs 10.000—15.000 Pounds — then you can probably handle 80% of the projects that you would wish to handle, but cannot be serviced on the main machine. And if you then spend 10, 15 or 100 times as much, you can probably cover 90%, and it is uneconomic to make the difference. My feeling is that there are two directions of moving. One to design the projects for your students for the machines you have got, and the other to buy the machines that will enable you in the future to offer your students the projects that you want to, — but then you have to get money for it. But also, if you have and are trying to support too many small fragmentary machines, you are spending a great investment in software attention in the inconsistant facilities that have to be learnt, re-learnt, changed and

altered. It is a pain in the neck. And if you are short of people,
and if you are short of the resources as we are in England, I am
quite sure that would be — here in Austria, my advice is: Accept
that you can not handle the ideal, and only grow as you can afford
to pay attention to your growth.

Prof. *Zemanek:* Dies scheint ein günstiger Zeitpunkt der Diskussion, um folgenden Gedanken zu erwähnen, der derzeit scheinbar in verschiedenen Ländern aufkommt. Mir sind mindestens drei
Komitees bekannt, die sich bemühen, einen Educational Computer
zu definieren, der auf einer beliebig großen Maschine simuliert
werden könnte, aber dann von Hochschule zu Hochschule gleiche
Eigenschaften hat, so daß man Lehrbücher und gewisse Übungen
immer auf die gleiche Maschine bezieht. Das heißt auch eine Realisierung der früheren Methoden, daß man in einem Buch zunächst
irgendeinen Phantasie-Computer definiert, um dann später die Lehre
daran zu entwickeln. Nun will man das scheinbar mit simulierten
Maschinen tun. Wie weit das eine gute Idee ist und wie weit nicht,
ist noch nicht ganz sicher, aber es sind nationale und internationale
Bestrebungen im Gang, so etwas zu tun. Eine simulierte Educational
Maschine, die gleiche Eigenschaften hätte — etwa für ganz Holland
oder für ganz England.

Prof. *Laski:* Yes, but will you ever get the Committee to
agree on its design, it may happen. I don't think we are yet sufficiently developed in informatics to know what we need to have
to teach with.

Prof. *Knödel:* Ich möchte eine Ziffer zur Praxis mit dem Computer und dem, was man da an Kapazität braucht, beisteuern. Im
zweiten EDV-Plan in Deutschland wurde veranschlagt, pro Student einer integrierten Gesamthochschule (das kann also ein
Ingenieurschul-Student oder ein Universitätsangehöriger sein)
1.000 DM Computer-Kapazität zu installieren. Nun sind diese
1.000 DM ein Durchschnittswert (d. h. man wird für Studenten der
Informatik wesentlich mehr an Kapazität vorsehen müssen, für die
anderen entsprechend weniger).

Prof. *Wirth:* Zur Idee des allgemeinen Standard-Computers:
Diese Idee hat schon Prof. Knuth mit seiner Mix-Idee verfochten.

Es wäre sachlich richtiger, auf einem höheren Niveau (Sprachen) eine Standardisierung anzustreben; aber auch das ist nicht gelungen. Weder PL/I noch ALGOL 68 haben das gesteckte Ziel des allgemein akzeptierten Standards erreicht.

Prof. *Zemanek:* Das war nicht gemeint, Herr Prof. Wirth, es geht ja nicht um die Hardware. Der Verbraucher fällt völlig weg. Man braucht nur etwas zu schaffen, das für den Studenten ideal geeignet ist.

Prof. *Stetter:* Vielleicht dürften wir die Vertreter, die so stark für die wirtschaftlichen Anwendungen des Computers plädiert haben, um einen Hinweis bitten, wie man diese Ausrichtung auf das wirtschaftliche Denken im Studiengang vielleicht nicht anhand von Lehrveranstaltungen, sondern innerhalb der Lehrveranstaltungen zum Ausdruck bringen könnte. Könnten Sie sich vorstellen, daß man ein Projekt realistisch aus der Anwendung nimmt und versucht, den Studenten eine betriebliche Situation als Praktikumsaufgabe vorzulegen?

Die zweite Frage wäre die Einbeziehung der gesellschaftlichen Aspekte: Einerseits kann man eigene Lehrveranstaltungen schaffen (was hier vielleicht durchaus am Platz ist) — aber das beste ist immer das eigene Beispiel. Ich glaube, daß konkrete Stellungnahmen und Einführungen in den Charakter von solchen Problematiken in Fachvorlesungen mehr ergeben könnten als eine eigene Fachvorlesung, die ein Teil der Studenten als irrelevant empfindet und die er infolge dessen nur inskribiert und nicht besucht.

Herr *Höbarth:* Als Studentenvertreter möchte ich noch eine Reihung der in Diskussionspunkt 3 angeführten Unterrichtsmethoden vornehmen: Ich bin der Meinung, daß die Praxis mit den Computern für das Informatikstudium in erster Linie notwendig ist, dann folgen: 2. Teamwork, 3. der Seminarbetrieb, 4. die Praktika und schließlich die Vorlesung, die im Frontalunterricht möglichst reduziert werden soll, da es ja — glaube ich — unmöglich ist, abstrakte Denkvorgänge direkt im Frontalunterricht zu übermitteln.

Ferner möchte ich noch zur Beschaffung einer neuen Anlage feststellen, daß es wesentlich wäre, eine Großrechenanlage für möglichst viele Leute zu bekommen (als ferner Zukunftsplan, also eine

Gemeinschaftsanlage aller Hochschulen) was sicher durch die Größe der Anlage zu einer Verbilligung der Rechenzeit führen würde und daß ich nach wie vor der Meinung bin, daß eine kleine Anlage für Testen von Betriebssystem usw. als periphere Einheit zu dieser Großanlage von Vorteil wäre.

Prof. *Weinmann:* Ich darf nochmals die Aufforderung von Herrn Kollegen Stetter wiederholen. Wir haben uns bemüht, durch Seminare in dem zweiten Studienabschnitt diesen Forderungen Rechnung zu tragen. Ich bin der Meinung, daß man in diesen Seminaren über betriebswirtschaftliche oder betriebswissenschaftliche Fragen sehr gut diskutieren kann. — Nun dürfen wir einen Herrn bitten, der zuvor über die mangelnde wirtschafts- und betriebswissenschaftliche Ausrichtung gesprochen hat, einen Vorschlag über die Gestaltung einer solchen Lehrveranstaltung zu machen, in der man exemplarisch einige Stoffgebiete nachholen kann, wenngleich daraus keine Hauptlehrveranstaltung entstehen soll.

Dr. *Spindelberger:* Zur Frage der praktischen Ausbildung während der Studienzeit:
Die Computerfirmen und Computerbenützer sind sicherlich zur Zusammenarbeit mit den Hochschulen bereit und werden Erfahrungen zur Verfügung stellen können, damit der Unterricht an der Hochschule praxisnahe gestaltet werden kann. Für besser halte ich jedoch die Form der praktischen Ausbildung der Studenten an der University of Waterloo in Ontario:
Die Studenten der Studienrichtung „Computer Science" haben jährlich eine 3—4 monatige Praxis zu absolvieren. Für diesen Zweck ist auf der Universität von Waterloo ein eigener Vermittlungsdienst eingerichtet, der die Aufgabe hat, die Studenten an die Industrien zu vermitteln. Diese Industriepraxis ist für die Studenten keineswegs freiwillig, sondern obligatorisch. — Diese Form der Industriepraxis hat sich sehr bewährt, und ich empfehle daher der Studienkommission für Informatik, den Studierenden ebenfalls jährlich eine 2—3 monatige Industriepraxis während der Sommermonate zur Pflicht zu machen.

Herr *Liwanetz:* Dr. Spindelberger hat jetzt meine Worte vorweggenommen, weil ich vor allem bezüglich der Seminare anregen wollte, daß die Probleme, die ein Team übernehmen soll, oder die innerhalb eines Seminars diskutiert und behandelt werden, wirklichkeitsnahe sind, d. h., daß sie unmittelbar aus der Praxis herausgenommen werden. Es gibt in unseren Betrieben sicherlich genug offene Fragen, die zu behandeln in einem Ausbildungsweg möglich ist.

Prof. *Wirth:* Auf die Frage von Prof. Stetter, wie denn methodisch vorzugehen sei bei der Einführung in das Gebiet „Software", möchte ich feststellen, daß das erste Grundprinzip ist, komplizierte Probleme am Anfang zu vermeiden. Beginnen Sie nicht damit, einen Betriebswirtschaftler zu fragen „haben Sie ein Problem, das ein Computer lösen könnte?" Dann wird ihm irgendein Informationssystem vorschweben und Sie stehen am Berg. Man beginnt bei einfachen, wohldefinierten Problemen, z. B. Sortieralgorithmen, der Analyse einfach aufgebauter Sprachen — ganz elementaren Algorithmen und aus diesen sollte man dann lernen, kompliziertere Systeme aufzubauen.

Ich glaube nicht, daß es richtig wäre, einen Kurs über Compilerbau als obligatorisch für jeden Informatik-Studenten, welcher Anwendungsrichtung er nachher auch immer zustreben möchte, zu erklären. Wichtig ist hingegen, daß man die Methode des systematischen Programmierens lehrt, angefangen mit einfachen Beispielen, die man systematisch aufbaut, die gründlich analysiert werden und bei denen man jeden Entscheidungsschritt genau begründen lernt; und wenn es einmal gilt, Compiler zu studieren, dann stehen diese Grundkenntnisse als wichtigstes Element zur Verfügung. Darüber hinaus sind nur noch einige wenige Fachgebiete relevant: Methoden der Syntax-Analyse, Probleme der Code-Generierung und einige allgemeine Fragen der Methodik (Vorteile der Ein-Phasen-Methode, Vorteile der Mehr-Phasen-Methode usw.). Das wichtigste folgt am Schluß: Praktische Erfahrung. In der eigentlichen Vorlesung darf das Gebiet „Compilerbau" keinen immensen Raum einnehmen; aber, wenn es sich dann um eine praktische Realisierung handelt, erfordert diese sehr viel Arbeit. Und dann — wie ich schon vorher sagte — ist auch hier ein gutes Beispiel das beste Lehrmittel. Ich habe gerade in diesem Semester einen Kurs über das Thema Compilerbau- und Betriebssysteme gehalten und ein praktisches Beispiel mit den Studenten durchexerziert. Die Hauptschwierigkeit liegt im Finden eines Com-

pilers, der nicht allzu umfangreich ist, und der wohl dokumentiert
ist, so wohl dokumentiert ist, daß sie es wagen, ihn als Lehrmittel
zu verwenden. Meine Lösung bestand darin, selbst einen Compiler
herzustellen.

Herr *Fuchs* (Studentenvertreter): Kurz etwas über Industriepraxis: Ich bin ein ausgesprochener Gegner dieser Einführung. Auch
in Leoben, einer der österreichischen Hochschulen, die eine solche
Praxis vorschreiben, hat sich diese meines Wissens nicht bewährt.
Es hängt viel zu sehr vom Betrieb ab, ob der Student aus dieser
Zeit einen Nutzen ziehen kann. Meist wird daraus entweder reine
Fronarbeit (d. h. er macht unterbezahlte Arbeiten) oder er steht
unnütz herum. Ich glaube eine Praxis ist nur dann sinnvoll, wenn
sie unter Aufsicht der Hochschule abläuft; und das ist so nicht
durchführbar.

Herr *Gassmann:* Ich bin zwar nicht qualifiziert, zu diesem
Problem Stellung zu nehmen, aber ich möchte noch auf zwei Punkte
hinweisen, die man vertiefen müßte. Der erste ist die Modularität
von Software-Paketen, die forciert werden müßte. Zweitens: eine
der Grundfragen der Rechneranwendung ist im zunehmenden Maße
ihre Wirtschaftlichkeit, ihre Effizienz. In Amerika würde man dies
mit „Efficiency Audit" bezeichnen, auf deutsch vielleicht „Interne
Ökonomie des Rechners". Es wird notwendig sein, in Zukunft in die
Studienpläne Probleme der Leistungsmessung und Beurteilung, also
der Rationalisierung der Abläufe innerhalb des Computers aufzunehmen. Ich denke dabei an eine Art Normierung der Programme
und gewisser Prozeßabläufe im Rechner; Sie wissen ja, in jedem
Ingenieurbereich spielt die Normierung eine große Rolle und die
wird den Studenten ziemlich zeitig beigebracht. Ich glaube, dieser
Faktor wird in der Zukunft eine erhebliche Rolle spielen.

Dr. *Rozsenich:* Eine kurze Anmerkung zum Problem Praxis und
Industrie: Ich glaube, eines hat sich ganz deutlich gezeigt — um
einmal vom Studium der Informatik als solchem zu sprechen. Es
handelt sich hier ganz offenbar um ein Studium, das nicht 100%ig
integrierbar in den bisherigen Lehrbetrieb ist. Es handelt sich um
ein echt interfaktultatives Studium, es handelt sich um ein Studium,
das gewissermaßen in sich schon problemorientiert ist, und das sich

nicht nach der klassischen Schubladentheorie in ein bestimmtes Fachgebiet einreihen läßt; auch nicht in eine bestimmte Fakultät. Aber noch viel mehr zeigt sich bei der Informatik sehr schön, wie wichtig es ist, schon im Ablauf des Studiums mögliche Anwendungskonzeptionen vor Augen zu halten.

Ich möchte hier zwei Folgerungen ziehen: Zum einen, Informatik ist eine zu heikle Sache, ein zu großes und neues Gebiet, als daß es einer Hochschule allein überlassen sein dürfte, für die nächsten Jahrzehnte zu bestimmen, was alles Informatik ist und was im Rahmen der Informatik gelehrt werden muß. Daher der Appell: Wenn das ganze sinnvoll gemacht werden soll, kann es nur in Zusammenarbeit von mehreren Hochschulen geschehen. Ich denke dabei an die Hochschule für Welthandel, die ja Versuche macht, speziell das Problem der ökonomischen und betriebswirtschaftlichen Anwendungen zu untersuchen. Dort gibt es Seminare, in denen nicht nur Fachvertreter verschiedener Studienrichtungen anwesend sind, sondern auch Vertreter der Industrie. Hier sind nicht nur die klassischen Fakultäts- und Hochschulgrenzen gesprengt, sondern die Universität ist als Monopol überhaupt in Frage gestellt. Ich kann mir daher sehr wohl vorstellen, daß es in Arbeitskreisen und in Seminaren möglich sein müßte, mit Vertretern aus der Industrie — aber auch aus der Verwaltung — einen gemeinsamen Gedankenaustausch zu vollziehen und anhand von konkreten, wenn auch vereinfachten Problemen spezifische, exemplarische Anwendungsmöglichkeiten der Informatik zu bieten.

Noch eines: Man darf nicht vergessen, daß hier die große Chance besteht, den Studenten oder den Lernenden ganz allgemein schon in einem frühen Stadium in den Forschungsprozeß mit einzubeziehen, also in einen Prozeß des Infragestellens und damit in einen Prozeß, der in Richtung auf kritisches Denken abzielen soll. Insoferne bin ich der Auffassung, daß die Frage der Industriepraxis nicht an sich schlecht ist, sondern nur in der bisherigen Form insuffizient gelöst wurde. Konkrete Anregung: Es wäre denkbar, in speziellen Seminaren oder Arbeitsgruppen vereinfachte Probleme der Praxis nicht nur zwischen Lernenden und Lehrenden auszudiskutieren und zu behandeln, sondern auch unter Beiziehung von Leuten aus der Industrie. Und noch eins: Es zeigt sich, daß nicht nur die Industrie eines der wichtigsten Anwendungsgebiete der Informatik sein kann — denken wir auch an die Verwaltung. Prof.

Atchison hat in einem Nebensatz erwähnt, daß das Problem von Information-Storage und -Retrieval sehr beachtlich ist. Es gibt in der Bundesrepublik eine Ausbildung für wissenschaftliche Dokumentare, wo besonders diesem Problem Rechnung getragen wird. Ich kann mir auch vorstellen, daß in Zusammenarbeit mit Leuten aus der Verwaltung — sei es aus der Hochschulverwaltung oder aus der Bundesverwaltung — hier recht interessante Fragestellungen aufgeworfen werden können und daß das Erfolge in Richtung Verwaltungsreform nach sich ziehen kann und ein echter Beitrag wäre, um das Informatikstudium nicht so streng akademisch aufzubauen, sondern es elastisch, durchlässig und damit dem exemplarischen Lernen zugängig zu machen.

Prof. *Weinmann:* Die Hochschule Wien hat selbstverständlich jeden Kontakt mit anderen österreichischen Hochschulen und Universitäten gesucht, es ist auch ein sehr gutes Einvernehmen mit der Universität Wien und mit der Hochschule Linz zustande gekommen. Was die Kontakte mit der Industrie und mit der Verwaltung anlangt, ist insofern Vorarbeit geleistet worden, als eine Umfrage gestartet wurde. Etwa 100 der größten österreichischen Industrie- und Wirtschaftskörper wurden angeschrieben. Die Antworten liegen größtenteils vor. Dies ist als Vorstufe zu einem Kontakt zu werten.

Dr. *Herbold:* Ich möchte aus unseren Überlegungen — besonders aus dem Bereich der Akademie für Führungskräfte in Bad Hartburg, an der ich auch tätig bin, ergänzen: Wir überlegen uns, wie wir die Frage der „neuen Betriebswirtschaft" überhaupt lösen. Es ist hier vorher gesagt worden, daß wir den Informatiker nicht für das Heute und für das Morgen, sondern für einen längeren Zeitpunkt ausbilden müssen. Wir kommen in unseren Überlegungen immer wieder auf eine Art Ganzheitsbetrachtung zurück — von der Unternehmung her gesehen — in der wir die Unternehmung als ein System auffassen. Wenn wir die Parallele zu dem sogenannten Informationssystem ziehen, dann ist der Computer in diesem System nur ein Element. Wir fragen uns, wie die Kommunikation und die Beziehungen zwischen den einzelnen Elementen innerhalb dieses Systems zu gestalten sind, damit die eigentliche Aufgabe der Unternehmensführung unter Beachtung ökonomischer Prinzipien zu führen ist. Wir wissen sehr genau, daß das, was bisher in dem sogenannten Organigramm dargestellt wird, heute keineswegs mehr den Informationsfluß in der Unternehmung aufzeigen kann. Wir fragen uns deshalb, wie soll innerhalb dieses probabilistischen Systems der Prozeß der Kontrolle und Steuerung ablaufen. Wir haben noch keine definierte Antwort darauf, obgleich wir heute zur Matrix-Organistion in der mittleren und oberen Ebene hin tendieren.

Es gibt im Augenblick noch keine festen Linien. Ich möchte sagen, daß der Informatiker hier einen Ansatzpunkt seines Wirkens finden kann und finden muß; ich möchte aber zugleich darauf hinweisen, daß die Mitarbeit und das Engagement auch gewisse Kenntnisse der Grundstrukturen des Betriebswirtschaftlichen erfordert. Insofern sollte man sich doch überlegen, ob man nicht auch den Informatiker an gewissen grundlegenden Veranstaltungen im Bereich der Betriebswirtschaftslehre teilnehmen läßt, um ihm zunächst diese „Grundstrukturen" zu vermitteln, um ihm auch Anregungen zu geben für das weitere Arbeiten innerhalb dieses Systems Unternehmung.

Prof. *Wirth:* Ich möchte zum Punkt 4 ganz einfach antworten: ja.

Prof. *Weinmann:* Abschließend, meine sehr geehrten Herren, darf ich Ihnen allen sehr herzlich für Ihre zahlreichen Anregungen danken. Wir werden uns bemühen, all diese Vorschläge aufzunehmen und zusammenzufassen. Darüber hinaus werden diese Anregungen lange in uns nachwirken und uns helfen, unseren Studienplan optimal zu gestalten. Auch im Namen von Magnifizenz Bukovics darf ich Ihnen bestens für Ihre Teilnahme an der Diskussion danken.

Teilnehmerverzeichnis

Gamillschegg E.	Chefredakteur, Informationsdienst f. Bildung u. Forschung
Graser R.	Bundeskanzleramt
Grimburg W.	Sektionschef im BM f. Wissenschaft u. Forschung
Hasenauer R.	Hochschule für Welthandel, Wien
Heid S.	BM f. Wissenschaft und Forschung
Hlawka E.	Prof., Universität Wien
Höbarth W.	Student, Studienkommission f. Informatik, T.H. Wien
Hornich H.	Prof., Technische Hochschule Wien
Inzinger R.	Prof., Technische Hochschule Wien
Jiresch R.	Sektionschef im Bundeskanzleramt
Könne W.	Lehrbeauftragter an der Technischen Hochschule Wien
Kratky G.	Assist., Universität Wien
Kraus G.	Prof., Technische Hochschule Wien
Lachmeyer F.	Bundeskanzleramt
Lansky M.	Prof., Hochschule Linz
Leitner R.	IBM, Wien
Liwanetz W.	Student, Studienkommission f. Informatik, T.H. Wien
Löw M.	Student, Studienkommission f. Informatik, T.H. Wien
Margulies F.	Gewerkschaft der Privatangestellten
Markovics A.	Sektionschef im Bundeskanzleramt
Mutz G.	Bundeskanzleramt
Otruba L.	Min.-Rat im BM f. Wissenschaft u. Forschung
Paschke F.	Prof., Technische Hochschule Wien
Paul M.	Assist., Studienkommission Informatik, T.H. Wien
Pichler A.	Bundeskanzleramt
Reinberg P.	Bundeskanzleramt
Rozsenich H.	BM f. Wissenschaft u. Forschung
Salcher O.	Sekt.-Rat im BM f. Wissenschaft u. Forschung
Schauer W.	Assist., Studienkommission Informatik, T.H. Wien
Schmetterer L.	Prof., Universität Wien
Schornböck D.	Assist., Studienkommission Informatik, T.H. Wien

Simmler O.	Bundeskanzleramt
Spindelberger W.	IBM, Wien
Stetter H.	Prof., Technische Hochschule Wien
Stierschneider J.	Bundeskanzleramt
Stimmer H.	Prof., Technische Hochschule Wien
Vak K.	Dir., Zentralsparkasse der Gemeinde Wien
Voak B.	Dir., Stickstoffwerke Linz
Walter R.	Hofrat, Zentralbesoldungsamt Wien
Weinmann A.	Prof., Technische Hochschule Wien
Werner E.	BM f. Wissenschaft u. Forschung
Wolff K.	Prof., Technische Hochschule Wien
Wurzer R.	Prof., Technische Hochschule Wien
Zeller W.	Vizepräsident des Statistischen Zentralamtes Wien

TEIL II

TECHNISCHE HOCHSCHULE IN WIEN

EINLADUNG

zur Abschlußveranstaltung des INFORMATIK-SEMINARS
an der Technischen Hochschule in Wien

INFORMATIK IN ÖSTERREICH
Aufgaben und Ziele des Informatikstudiums

am 19. 2. 1971 um 10.30 c. t.
im Festsaal der Technischen Hochschule in Wien

1. Begrüßung durch den Rektor der Technischen Hochschule in Wien
   Magn. o. Prof. Dr. Erich *Bukovics*
2. Begrüßungsansprache von Frau Bundesminister für Wissenschaft
   und Forschung Dr. Hertha *Firnberg*
3. Berichte über die Ergebnisse des *Informatik-Seminars:*
   a) o. Prof. Dr. H. J. *Stetter:* Wesen und Ziele der Informatik
   b) o. Prof. Dr. A. *Weinmann:* Gestaltung des Informatikstudiums
4. Min.-Rat Dr. W. *Frank*, Bundesministerium für Wissenschaft und
   Forschung: Informatik und öffentliches Interesse

BERICHTE

über die Ergebnisse laut

ABSCHLUSSVERANSTALTUNG des INFORMATIK-SEMINARS

Begrüßungsansprache
   von Fr. Bundesminister für Wissenschaft und Forschung
   Dr. Hertha *Firnberg*

Wesen und Ziele der Informatik
   von o. Prof. Dr. H. J. *Stetter*, Technische Hochschule Wien

Gestaltung des Informatikstudiums
   von o. Prof. Dr. A. *Weinmann*, Technische Hochschule Wien

Informatik und öffentliches Interesse
   von Min.-Rat Dr. W. *Frank*, Bundesministerium für Wissenschaft
   und Forschung

Hertha *Firnberg* *

Begrüßungsansprache

Magnifizenz,
sehr geehrte Seminar-Teilnehmer!

Für Ihre Einladung, die Teilnehmer des Seminars *„Informatik in Österreich"* zu begrüßen, bin ich Ihnen sehr verbunden, gibt sie mir doch Gelegenheit, mein besonderes Interesse an dieser Thematik zu bekunden.

Es ist ein besonderes Anliegen des Bundesministeriums für Wissenschaft und Forschung, sich mit neuen wissenschaftlichen Fachdisziplinen auseinander zu setzen und die Möglichkeiten ihrer Stellung im österreichischen Lehr- und Forschungsbereich zu analysieren, und — soweit dies überhaupt möglich — die Auswirkungen für die zukünftige Entwicklung abzuschätzen.

Es ist nahezu eine Selbstverständlichkeit, daß die *Informatik* einen der speziellen Brennpunkte darstellt, ist doch die Informatik nicht nur für weiteste wissenschaftliche Bereiche von großer Bedeutung, sondern für die gesamte Öffentlichkeit, und zwar in steigendem Maße.

Die Computer-Wissenschaften — die internationale Terminologie ist hier nicht ganz einheitlich — stellen heute einen außerordentlich expansiven Faktor der Forschung und Entwicklung in den großen Industrienationen dar, mit beträchtlichen Auswirkungen und Möglichkeiten für Wissenschaft, Wirtschaft und Gesellschaft.

In diesem Zusammenhang darf ein Blick sich dem momentanen Stand der Anwendungsgebiete der elektronischen Datenverarbeitung in Österreich zuwenden:

Nach den letzt verfügbaren Statistiken sind insgesamt heute rund 530 EDV-Anlagen in Österreich installiert oder bestellt, nicht

---

* Hertha *Firnberg:* Bundesminister, Dr., Bundesministerium f. Wissenschaft u. Forschung, Wien.

einkalkuliert die Tischrechner und Kleinrechenanlagen der mittleren
Datentechnik.

Von den gesamten 530 größeren Rechenanlagen stehen je ein
Drittel in der österreichischen Industrie (ca. 36%) und in den Bereichen Handel, Versicherungen, Banken, Verkehr und Energiever-
sorgung (ca. 33%) im Einsatz.

Daraus allein ist die große Bedeutung der Computerwissenschaften, nicht nur für technisch-wissenschaftliche, sondern für
wirtschaftliche, insbesondere für betriebswirtschaftliche Anwendungsbereiche erkennbar.

Alle organisatorischen Fragen des Lehr- und Forschungsbetrie-
bes der *Informatik* müssen daher auch im Hinblick auf gesamtwirt-
schaftliche und betriebsökonomische Bedürfnisse gesehen werden.

Die optimale Anwendung von EDV-Anlagen in Wirtschaft und
Verwaltung ist nur möglich, wenn akademisch ausgebildete EDV-
Spezialisten in ausreichender Anzahl vorhanden sind, die betriebs-
individuelle Informations-Systeme gestalten können.

Und damit ergibt sich ein Aspekt, der für das Bundesministerium
für Wissenschaft und Forschung von besonderer Bedeutung ist: *die
Einrichtung eines Informatik-Studiums in Österreich.*

Hier ergeben sich natürlich zahlreiche Fragen:

„Welcher Bedarf an ausgebildeten Informatikern ist in den
nächsten Jahren in Österreich zu erwarten?"

„Welche personellen und materiellen Voraussetzungen sind notwendig, damit das Studium der *Informatik* optimal organisiert
werden kann?" — Das bedeutet Überlegungen zur Standortfrage,
zur Organisation interdisziplinärer, interfakultärer, ja interuniver-
sitärer Zusammenarbeit.

„Welche internationalen Erfahrungen können dabei zu Hilfe
genommen werden?"

„Welche Stellung, welche Chancen hat Österreich in der Com-
puterforschung, insbesondere am Software-Sektor?"

„Welche Schwerpunkte in Lehre und Forschung sollen angestrebt werden?"

Ich möchte keineswegs den Versuch wagen, diese Fragen allein
zu beantworten — Sie haben ja, wie ich Ihrem Programm ent-
nehme, im Verlauf Ihres zweitägigen Seminars ähnlich Fragestellungen behandelt und sicherlich viele Antworten gefunden.

Worauf ich nun verweisen möchte, ist die *gesamte* Tragweite der

Problematik und meine Überzeugung, daß wir sie sicher nur gemeinsam erkennen und bewältigen können.

Zu ihrer Lösung hat Ihr Seminar, wie man mir versicherte, einen sehr wichtigen Beitrag geleistet.

Ich möchte den Veranstaltern daher für diese Initiative meinen besonderen Dank aussprechen und darf Ihnen versichern, daß ich den Ergebnissen Ihres *Informatik-Seminars,* über die ja anschließend noch berichtet wird, mit größtem Interesse entgegensehe.

Hans J. *Stetter* *

Wesen und Ziel der Informatik

Die Wissenschaft, für die im deutschen Sprachgebiet seit kurzem die Bezeichnung *„Informatik"* üblich geworden ist, wird im angelsächsischen Bereich meist als „Computer Science" bezeichnet, sie steht also offensichtlich in sehr engem Zusammenhang mit dem Computer. Nun ist die Existenz der Computer zwar für jeden Österreicher eine Tatsache, die ihm an den verschiedensten Beispielen fast täglich vor Augen geführt wird, ob er nun Erlagscheine in Lochkartenform oder vom Computer erstellte Lohnzettel erhält. Trotzdem umgibt den Computer in den Augen der meisten Mitbürger ein mystischer Schein, sodaß derzeit alle möglichen Vorgänge in den Augen der Öffentlichkeit allein dadurch gerechtfertigt werden können, daß sie mit Hilfe eines Computers abgewickelt werden. (Das ist ebenso unsinnig wie wenn die Qualität oder gar die Existenz eines industriellen Produkts durch seine Herstellung am Fließband gerechtfertigt würde.) Etwas konkreter stellt sich der Laie unter einem Computer eine riesige Rechenmaschine, einen gewaltigen Buchhaltungsautomaten oder ein kompliziertes elektronisches Schaltungsgebilde vor. Wären dies die einzigen Kennzeichen eines Computers, so müßten die Mathematik, die Betriebswirtschaftslehre und die Nachrichtentechnik ausreichen, seinen Einsatz wissenschaftlich zu behandeln.

Tatsächlich ist jedoch ein Computer sehr viel mehr. Um dies zu erkennen, wollen wir die Tätigkeit eines Buchhalters mit der eines Arztes vergleichen: Bei der Ausübung ihrer Tätigkeit beschaffen sich beide zunächst gewisse Informationen, der Buchhalter aus Belegen, der Arzt durch das Erkennen von Symptomen; durch eine Verarbeitung dieser Information gelangen sie zum gewünschten Ergebnis: der Buchhalter etwa zu seiner Tagesbilanz, der Arzt zu einer

---

* Hans J. *Stetter:* o. Professor, Dr., Technische Hochschule Wien.

Diagnose. Gemeinsam ist diesen beiden und unzähligen anderen menschlichen Tätigkeiten, daß es sich um die Aufnahme und die Umwandlung von Informationen handelt und schließlich um die Wiedergabe des Ergebnisses dieser Umwandlung; ein wesentlicher Bestandteil dieser Umwandlung ist übrigens die Reduktion auf das Wesentliche. Offensichtlich handelt es sich hier um die Grundstruktur der „geistigen" Tätigkeit des Menschen überhaupt, wenn man von echt schöpferischen Vorgängen absieht.

Daß ein solcher „Informationsverarbeitungsvorgang" oft nach fest vorgegebenen Regeln abläuft, ist beim Buchhalter völlig klar: Mit hinreichendem Aufwand könnte man die Vorgänge, die von den Daten auf den Belegen zu den Endwerten der Tagesbilanz führen, so beschreiben, daß sie auch ein völlig Unwissender durchführen könnte, es handelt sich ja „lediglich" um die Manipulation von Ziffern nach angegebenen Regeln. Genau dies ist nun aber die eigentliche Fähigkeit des Computers: irgendwelche Zeichen nach ihm eingegebenen „Programmen" zu manipulieren. Dabei übertrifft er jeden menschlichen Konkurrenten in seiner Geschwindigkeit und Verläßlichkeit bei weitem.

Da sich jegliche Information in Form von Zeichen darstellen oder verschlüsseln läßt, läuft jede Informationsverarbeitung auf eine Manipulation von Zeichen hinaus; dafür erweist sich der Computer als das perfekte Allzweckgerät. So wie ein Plattenspieler je nach der aufgelegten Platte klassische Musik oder wildesten Jazz, Altgriechisch oder Kisuaheli wiedergeben kann, so kann ein Computer — gesteuert durch die ihm eingegebenen Programme — alle nur erdenklichen Operationen an verschlüsselter Information durchführen. Genauso wie ein Plattenspieler erst durch die Schallplatte lebendig wird, so erwacht auch ein Computer erst zum Leben durch seine „Software". Unter diesem Ausdruck faßt man heute alles das zusammen, was an einem Computer nicht in Form von mechanischen oder elektronischen Konstruktionen als „Hardware" fest eingebaut ist, das sind eben die oben erwähnten „Programme" von verschiedenster Art. Diese Programme müssen alle Einzeloperationen in ihrer Aufeinanderfolge eindeutig beschreiben. Dabei besteht die Möglichkeit, in Abhängigkeit vom momentanen Stand bestimmter Kenngrößen verschiedene Programmteile zu durchlaufen. Auf diese Weise brauchen auch oft wiederholte Vorgänge nur einmal im Programm explizit aufscheinen.

Es ist völlig klar, daß die Erstellung eines solchen Maschinenprogramms ein ungeheuer komplizierter, langwieriger und fehleranfälliger Prozeß ist. Trotzdem wurden recht spektakuläre Anwendungen der Computer, vorwiegend umfangreiche Berechnungen für technische Zwecke, noch auf diese primitive Weise vorbereitet; ich möchte hier nur auf die Entwicklung im Überschallflug und im Bau von Atomreaktoren verweisen. Bald erkannte man jedoch, daß die Umsetzung von Rechenvorschriften in diese Maschinensprache selber ein Informationsverarbeitungsvorgang par excellence ist, der vom Computer selbst ausgeführt werden kann.

So entstanden die ersten Programmiersprachen, zunächst in erster Linie als Hilfestellung für technisch-wissenschaftliche Aufgabenstellungen. Jetzt konnte die Rechenvorschrift in einer der gewöhnlichen mathematischen Sprache sehr ähnlichen Form niedergeschrieben werden. Unter der Kontrolle eines ganz speziellen „Übersetzungsprogramms" fertigte daraus der Computer selbst sein eigentliches Arbeitsprogramm an. Diese Übersetzungsprogramme zusammen mit einer Reihe anderer Hilfsprogramme bildeten den Grundstock der sogenannten Betriebssysteme, die sehr rasch immer umfangreicher und wichtiger wurden. (Sie haben u. a. auch dem Operator der Rechenanlage die undurchführbare Aufgabe abzunehmen, bei seinen Handlangerdiensten mit der elektronischen Geschwindigkeit des Computers Schritt zu halten.)

Diese ersten Programmiersprachen und Betriebssysteme waren das Ergebnis der Kunstfertigkeit der früheren Programmierer, die für die gestellten Probleme in genialer Weise ad-hoc-Lösungen erfanden. Im weiteren Verlauf stellte sich jedoch bald heraus, daß die wachsende Komplexität der Problemstellungen und damit der notwendigen Programme zu unlösbaren Schwierigkeiten führte, die ein Zurückgehen auf die logischen und strukturellen Grundlagen notwendig machten. Mit dieser Entwicklung begannen sich die ersten Umrisse einer neuen Wissenschaft abzuzeichnen, die heute den Namen „Informatik" trägt. Wie wir gesehen haben, befaßt sich diese Wissenschaft weder mit der Konstruktion und Herstellung der Computer, noch unmittelbar mit ihren Anwendungen. Sie erwuchs vielmehr aus der Notwendigkeit, die Handhabung der Computer zu vereinfachen und damit ihre Verwendbarkeit den Bedürfnissen anzupassen. Inzwischen hatten sich ja außer den wissenschaftlich-technischen Benützern viele weitere Interessenten für den Computer, insbesondere im administrativen und kommerziellen Bereich, gefunden; diese zweite Gruppe erlangte sogar sehr rasch das Übergewicht. Diese Kunden verlangten naturgemäß die gleichen oder womöglich noch größere Bequemlichkeiten, wie sie den Technikern und Mathematikern mit den Programmiersprachen zur Verfügung standen.

Der Sinn eines Management-Informationssystems erfüllt sich erst dann, wenn zum Abrufen einer bestimmten Information nicht jedesmal ein langwieriger Programmierprozeß notwendig ist, sondern die „Anfrage" an den Computer in einer Form gestellt werden kann, die der Ausdrucksweise des Wirtschaftswissenschaftlers verwandt ist. Genau so will der Chemieingenieur, der einen Computer zur Steuerung eines Erdölraffinerieprozesses einsetzt, dem Computer lediglich die Kontrollgrößen und Merkmale des Regelprozesses angeben, ohne sich um Details der Programmierung kümmern zu müssen. Es ließen sich unschwer viele weitere Beispiele dieser Art anführen. Diese Forderungen sind aber nicht nur berechtigt, sie sind eine Voraussetzung für den effektiven Einsatz von Computern überhaupt. Das Kraftfahrzeug oder das Fernsehgerät etwa hätten nie ihre beherrschende Bedeutung erlangt, wenn zu ihrer Benützung in jedem Einzelfall tiefgehende technische Kenntnisse notwendig wären.

Im Fall der Computer sind die gerechtfertigten Ansinnen der verschiedenartigsten Benützer in jedem Fall nur dadurch realisierbar, daß die Umsetzung der in menschlicher Sprache ausgedrückten Anweisung an den Computer durch den Computer selbst auf Grund von speziellen Programmsystemen erfolgt. Eine Bewältigung der vielfältigen, im einzelnen äußerst komplizierten Programmieraufgaben, die sich hieraus ergeben, ist in wirtschaftlicher Weise nur möglich, wenn die gemeinsamen Strukturen solcher Aufgabenstellungen und die gemeinsamen Konstruktionsverfahren für solche Super-Programme wissenschaftlich erarbeitet werden. Hier haben wir also eine typische Aufgabenstellung der Wissenschaft Informatik vor uns. Als „Wissenschaft" bezeichnen wir ja das Bemühen, die Vielfalt der Erscheinungen auf ihre grundlegenden Strukturen zu reduzieren und durch Modelle und Theorien Ordnung und Gesetzmäßigkeiten in den Phänomenen zu erkennen, die ihre Beherrschung und Nutzbarmachung gestatten.

Andere Aufgabenstellungen ergeben sich aus den Bedürfnissen

des lebendigen Umganges mit großen Datenmengen, wie sie in einem Dokumentationszentrum oder den großen Karteien der öffentlichen Verwaltung vorliegen. Als Beispiel sei hier nur die computergerechte Aufzeichnung des gesamtösterreichischen Strafregisters erwähnt, durch die heute innerhalb von Minuten eine Anfrage aus Vorarlberg von der Zentrale in Wien beantwortet werden kann. Wieder andere Probleme stellen die Vielfachzugriffsysteme, wie sie heute für die automatische Platzbuchung bei den Fluggesellschaften und neuerdings auch bei den europäischen Eisenbahngesellschaften eingeführt sind, oder bei den Filialnetzen der größeren Geldinstitute. Aus der Zusammenschau der Möglichkeiten der zentralen Datenbanken und Dokumentationszentren einerseits und der Vielfachzugriffsysteme („Time-Sharing") andererseits entsteht die Zukunftsvision des „Computers aus der Steckdose", der wie das Telefon ein alltägliches Hilfsmittel werden soll.

Um welches Problem es sich aber auch handelt, der Informatiker beschäftigt sich mit den Eigenschaften des vorgelegten Problems, die übrig bleiben, wenn man von den konkreten Inhalten absieht. Denn diese abstrakten Strukturen stellen sich als die gemeinsamen Kennzeichen weiter Klassen von Anwendungsaufgaben heraus. Ihre wissenschaftliche Analyse und Durchdringung stellt nicht nur den Schlüssel zur effektiven Lösung der bereits vorliegenden Aufgaben dar, sondern sie bildet auch die Grundlage für den sinnvollen Einsatz des Computers auf völlig neuen Anwendungsgebieten.

Würde man die Informatik als „reine" Wissenschaft auffassen, so wäre mit der Analyse von Informationssystemen verschiedenster Art und mit dem Aufbau abstrakter Theorien für die Darstellung, die Umwandlung und die Interpretation von Informationsstrukturen die Aufgabe der Informatik weitgehend umrissen. Demgegenüber hat sich aber bei den Diskussionen der vergangenen beiden Tage klar herausgestellt, daß die Informatik über diese Grundlagenforschung hinaus den Charakter einer Ingenieurwissenschaft haben muß. Der Informatiker soll aufbauend auf seinen theoretischen Erkenntnissen in der Lage sein, für konkrete Aufgabenstellungen der Informationsverarbeitung echte Lösungen zu konstruieren. Diese sollen nicht nur das Gewünschte leisten, sondern sie sollen dies mit Hilfe eines bestimmten Computers in einer vernünftigen Zeit und mit einem vertretbaren Aufwand tun. Wie jeder Ingenieur muß also der Informatiker seine „Entwürfe" den Beschränkungen der wirklichen Gegebenheiten anpassen. Dabei muß er den richtigen Mittelweg zwischen der theoretischen Eleganz und der wirtschaftlichen Notwendigkeit finden. Nur auf diese Weise wird es möglich sein, die Effektivität der Computer in Wirtschaft und Verwaltung, die heute an manchen Stellen mangels geeigneter Fachkräfte katastrophal niedrig ist, auf einen gesamtökonomisch akzeptablen Stand zu heben.

Dazu wird ein Informatiker auch in der Lage sein müssen, als „Systemanalytiker" komplexe Organisationsstrukturen zu erfassen und Konzepte für organisatorische Verbesserungen vorzulegen. Die hierbei zu konzipierenden „Informationssysteme" greifen weit über den Bereich des Computers selbst hinaus. In jedem Betrieb gibt es ja neben einer Bewegung und Bearbeitung von Material auch einen „Fluß" und eine Verarbeitung von Information, die ebenso wichtig sind. Die richtige Organisation der Informationsabläufe in einem Betrieb und die effektive Bewältigung anfallender Informationsverarbeitungsvorgänge sind entscheidend für die Leistungsfähigkeit des Betriebes und damit für seine Wettbewerbsfähigkeit.

Wir haben also die Informatik als eine Ingenieurwissenschaft mit abstrakten Objekten definiert; dabei sollte aus dem bisher Gesagten klar geworden sein, daß die Anwendungsgebiete selbst nicht Inhalt der Informatik sein können. So ist die kommerzielle Datenverarbeitung, obgleich sie sich des Computers in hohem Maße bedient, kein Bestandteil der Informatik, genauso wenig wie etwa die Physik ein Teilgebiet der Mathematik ist, weil sie mathematische Methoden verwendet. Auch diese Abgrenzung war ein wesentliches Ergebnis der im Informatik-Seminar geführten Diskussionen. Das soll nicht heißen, daß es nicht wünschenswert ist, daß ein Informatiker die Ausdrucksweise wenigstens eines wichtigen Anwendungsgebietes so weit versteht, daß es zu einem fruchtbaren Dialog mit dem Spezialisten von der anderen Seite kommen kann. Jedoch wird man umgekehrt von den Vertretern der Anwendungswissenschaften verlangen müssen, daß auch sie dem Informatiker auf halbem Weg entgegenkommen. Dies bedeutet, daß in Zunkunft eine Einführung in die Informatik ein Bestandteil sehr vieler Ausbildungspläne für die verschiedensten Berufe, von der Rechtswissenschaft bis zur Medizin, sein muß. In all diesen Anwendungswissenschaften der Informatik spielt diese eine ähnliche Rolle als Hilfswissenschaft und Werkzeug wie heute bereits die Mathematik.

In der stürmischen Entwicklung des Computers, die sich ja erst über knapp 25 Jahre erstreckt, ist heute noch keine wesentliche Verlangsamung zu erkennen. Da der Computer sowohl Forschungsobjekt als auch Werkzeug der Informatik darstellt, wird auch die junge Wissenschaft „Informatik" in ihrem Umfang und in ihrer Ausprägung in den kommenden Jahrzehnten weiter wachsen. Manche Teilentwicklungen werden vielleicht an Bedeutung verlieren, dafür werden andere, heute erst in den Ansätzen erkennbare Fragenkomplexe sich zu neuen Disziplinen der Informatik entwickeln. Hierher gehören etwa die Probleme einer Weiterentwicklung der Möglichkeiten für den Mensch-Computer-Dialog, insbesondere im optischen und akustischen Bereich.

Auf dem Informatik-Seminar, über das hier berichtet wird, wurde eine auf zahlreiche Erhebungen gestützte Prognose des Bedarfs an akademisch gebildeten Informatikern vorgelegt. Aus ihr ergibt sich ein Bedarf an Informatik-Ingenieuren für Wirtschaft, Verwaltung, Wissenschaft und nicht zuletzt für die Lehre, der die Einrichtung der Studienrichtung „Informatik" auch in Österreich voll rechtfertigt.

Alexander *Weinmann* *

Gestaltung des Informatikstudiums

Die Aufgabe der Gestaltung des Informatikstudiums, die sich gegenwärtig den zuständigen akademischen Behörden stellt, ist unter zahlreichen Voraussetzungen und Nebenbedingungen zu lösen. Bei nachfolgend angeführten Voraussetzungen konnte im abgehaltenen Informatik-Seminar weitgehend Übereinstimmung mit bestehenden Vorstellungen an unserer Hochschule festgestellt werden.

Es ist von der Voraussetzung auszugehen, daß Österreich in den kommenden Jahren kaum eine Computer-Industrie besitzen wird. Demzufolge kann das Studium der Informatik gewisse Stoffgebiete ausschließen und sich den Fragen der Organisation von Digital-Rechenanlagen, ihrer Leistungs- und Einsatzfähigkeit sowie ihrer Programmierung usw. eingehend widmen. Auch die erforderlichen theoretischen und praktischen Grundlagen für die Entwicklung der Datenverarbeitungsstrukturen und Programmierungsmöglichkeiten werden ausreichend Behandlung finden.

Aus welchen Beweggründen ergibt sich nun die unbedingte Notwendigkeit, ein eigenes Informatikstudium einzurichten? Es ist unbestritten, daß die Anwendung des Computers in verschiedenen klassischen Disziplinen, z. B. Elektrotechnik oder Volkswirtschaftslehre, Eingang finden und ausbildungsmäßig bei den entsprechenden Studienrichtungen verbleiben wird.

Obwohl die Anwendung von Digitalrechnern an den meisten bestehenden Studienrichtungen berücksichtigt werden muß, ist die Studienrichtung Informatik als selbständige Studienrichtung unbedingt deshalb einzuführen, weil die Informatik zu einer eigenständigen Wissenschaft geworden ist. Es hat sich gezeigt, daß sich die Informatik immer mehr zu einer Grundlagenwissenschaft verbreitert,

---

* Alexander *Weinmann:* Dr., o. Professor der Technischen Hochschule Wien.

die in ihrer Bedeutung für andere Wissensgebiete mit der Mathematik verglichen werden kann. Dies geht auch daraus hervor, daß die Informatik in ihrer Eigenschaft als „Computerwissenschaft" den Computer als Grundphänomen unseres Daseins anzuerkennen hat.

Eine weitere Voraussetzung für die Gestaltung des Informatikstudiums ist die Einrichtung als neue und vor allem selbständige Studienrichtung. Dies ist erforderlich, um der raschen Entwicklung auf diesem Fachgebiet flexibel Rechnung tragen zu können und den nötigen personellen Sach- und Funktionsspielraum zu besitzen. Die Diskussionen im abgehaltenen Informatik-Seminar haben keine Zweifel daran gelassen, daß die Einbettung der Studienrichtung Informatik in die Lehrpläne einer Technischen Hochschule von großem Vorteil ist, besonders dann, wenn sich diese Hochschule bemüht, durch Intensivierung ihrer Studien aus Mathematik, Nachrichtentechnik, Automationstechnik, Wirtschaftswissenschaften usw. der Informatik eine Unterstützung angedeihen zu lassen.

Als maßgebliche Nebenbedingung für die Gestaltung des Informatik-Studiums haben naturgemäß die speziellen Erfordernisse des österreichischen Wirtschaftsraumes zu gelten. Diesbezügliche Umfragen, die von der Studienkommission Informatik in der österreichischen Wirtschaft bereits getätigt wurden, sind in ihrer Auswertung schon vor dem Informatik-Seminar zur Verfügung gestanden und haben die Diskussion beinflußt.

Hinsichtlich der allgemeinen Gestaltung des Informatikstudiums haben sich aus dem Informatik-Seminar folgende Ergebnisse herauskristallisiert, die die Tätigkeit des Informatikers beschreiben und seine Ausbildung prägen: In der Informatik sind nämlich unter anderem alle Einflüsse zusammengefaßt, die der Computer — ähnlich wie andere technische Erfindungen — auf unser Leben besitzt. Die Tätigkeit des Informatikers wird daher zwangsläufig zu Ergebnissen führen, die unter Berücksichtigung der praktischen und wirtschaftlichen Gegebenheiten realisierbar sind. Die Tätigkeit trägt somit weitgehend die Merkmale eines Ingenieurs. Hiebei ist es ohne Belang, ob der Ingenieur technische Geräte oder abstrakte Systeme entwirft.

Die aus der Behandlung abstrakter Strukturen gewonnenen Erkenntnisse finden nicht nur ihren Niederschlag beim Computereinsatz, sondern darüber hinaus auch in weiten Bereichen der Betriebswissenschaften, Soziologie und Wirtschaftswissenschaften, wobei diese

Wissenschaften ihrerseits zur Findung von Modellvorstellungen oder Vorgangsweisen Wesentliches beitragen können.

Die diskutierte Frage, welche besondere Qualifikation der Hochschulabsolvent aus Informatik besitzen soll, hat dahingehend eine Zusammenfassung gefunden, daß der Hochschulinformatiker gelernt haben soll, über Methoden kritisch nachzudenken, anstatt sie nachzuahmen. Er muß im besonderen in der Lage sein, auf bestehende Strukturen ändernd einzugreifen und neuartige schöpferische Ideen selbst zu entwickeln. Darüber hinaus ist klar erkannt worden, daß es die Grundlagen einer wissenschaftlichen Disziplin sind, die den bleibenden Faktor in der Entwicklung eines Wissensgebietes darstellen und die den Absolventen zukunftssichere Kenntnisse garantieren. Eine Perfektionierung im Sinne einer späteren beruflichen Tätigkeit kann nicht Gegenstand der Hochschulausbildung sein. Die Ausbildung soll keinesfalls augenblickliche berufliche Bedürfnisse befriedigen, weil diese zu stark gegenwartsorientiert sind und von der Entwicklung letztlich überrollt werden.

Diese Grundeinstellung hat an der Technischen Hochschule Wien im gegenwärtigen Entwurf des Studienplanes, auf dessen Details hier nicht näher eingegangen werden kann, ihren Niederschlag gefunden. Der Studienplan bringt die Überzeugung zum Ausdruck, daß Informatik nicht eine Vereinigung von verwandten Tatbeständen aus Mathematik, Linguistik, Elektrotechnik und Logik ist, sondern daß das Informatikstudium angesichts der Selbständigkeit der Methoden und Ergebnisse der Informatik tatsächlich einem Hauptfachstudium gleichkommt.

Immer wieder wurde es jedoch im Seminar als äußerst nachteilig empfunden, wenn künstliche Grenzen entstünden, und zwar einerseits zwischen reiner und angewandter Informatik und andererseits zwischen Informatik und einzelnen anderen Disziplinen, insbesondere der Mathematik.

Die Informatik durchläuft wie viele andere wissenschaftliche Disziplinen eine stetige Entwicklung. Am Beginn dieser Entwicklung beschäftigt die junge Wissenschaft vorwiegend Forscher, während sie mit zunehmender Konkretisierung und Erkennung zahlreicher Bereiche der Anwendbarkeit immer mehr Aufgaben für den Ingenieur bringt. Später wird sie zu einer technischen Selbstverständlichkeit. Die Informatik befindet sich gegenwärtig in einem Stadium der reinen Forschertätigkeit wie auch der ingenieurmäßigen Bearbeitung.

Bis zur technischen Selbstverständlichkeit mit der noch unüberseh-
baren Anwendungsfülle ist noch ein weiter Weg. Daraus kann ent-
nommen werden, daß die gegenwärtige Lehre der Informatik vorwiegend systemorientiert sein muß.

Die ersten Absolventen der Informatik werden daher noch for-
schungs- und ingenieurmäßig Pionierleistungen zu vollbringen
haben, worauf der gegenwärtige Studienplan Rücksicht zu nehmen
hat. Neben diesen Tätigkeiten wird ein nennenswerter Prozentsatz
für die akademische und mittlere Lehre herangezogen werden
müssen.

Der angestrebte Informatiker wird aber auch über die Leistungs-
grenzen des Computers bestens Bescheid wissen und fähig sein, den
Dialog sowohl mit dem Computerhersteller als auch dem Computerbenützer aus den vielfältigen Fachbereichen zu führen.

Es ist anzustreben, daß die Informatik alle Aussagen auf die
wesentliche Information reduziert. Ein Hauptanliegen der Informatikausbildung wird sein müssen, das Wesentliche, nämlich die Grundlagen, zu vermitteln.

Trotz der gegenwärtigen Beschränkung auf die Systemorien-
tierung ist daran gedacht, als Vertiefung des Studiums mindestens
ein Problem in einem Anwendungsgebiet vom Studierenden bearbeiten zu lassen. Hiermit wird dem oft geäußerten Wunsch auf Beherrschung der Problemanalyse und Realisierung von Problemlösungen durch den Informatiker Rechnung getragen. Dies liegt ganz
auf der Linie, die besagt, daß sich der Informatiker mit der realen
Umwelt in seinem Berufsleben auseinanderzusetzen und dementspre-
chend weitgehend kompromißbereit zu sein hat. Es wäre daher ein
großer Fehler, würde diese Kompromißbereitschaft nicht im Studium
des Informatikers prinzipiell verankert werden.

Neben der gegenwärtigen Ausrichtung des Studiums auf System-
orientierung dürfen also die anwendungsorientierten Aspekte für die
nähere Zukunft nicht außer acht gelassen werden. Insbesondere sind
Fragen der Organisationslehre, der Betriebs- und Wirtschaftswissenschaften und nicht zuletzt auch der Gesellschaftswissenschaften ins
Kalkül zu ziehen.

Das Informatik-Seminar hat einige interessante Lehrplanmodelle
aufgezeigt. Wenn sie auch im Augenblick in Österreich noch nicht
aufgegriffen werden, so sind doch bis zu vierstufige Ausbildungs-
modelle aus den USA genannt worden. Darüber hinaus wurden

Formen von Informatikstudien diskutiert, die es Absolventen, z. B.
aus Wirtschafts- oder Staatswissenschaften, ermöglichen können, ihre
Ausbildung durch ein Postgradual-Studium in Informatik zu erweitern.

Als besonderer Schwerpunkt wurde auf die Arbeit von Studierenden in Teams hingewiesen, wobei Zweierteams als sehr zweckmäßig erachtet wurden. Bei einem Teamwork soll nicht nur die
Leistung des Teams für die Bewältigung einer Aufgabe maßgebend
sein, sondern die Tätigkeit bzw. das Verhalten des einzelnen in der
Gruppe.

Die beim Informatik-Seminar anwesenden Mitglieder der Studienkommission Informatik der Technischen Hochschule Wien sind
übereinstimmend zu der Überzeugung gekommen, daß das Informatik-Seminar die bisherigen Bestrebungen der Studienkommission in
der Ausarbeitung der Studienpläne sowie des Entwurfs für die
Studienordnung aus internationaler Sicht größtenteils bestätigt hat.
Für die Zukunft wurden darüber hinaus wertvolle Anregungen bezogen.

Die Studienkommission für Informatik verleiht abschließend
der Hoffnung Ausdruck, daß es möglich sein wird, die für die Ausbildung notwendigen Fachleute zu gewinnen und daß die materiellen
Voraussetzungen für die Einrichtung der Studienrichtung Informatik
im Sinne des seinerzeit abgegebenen Raum- und Funktionspro-
gramms erfüllt werden können.

Wilhelm *Frank* *

Informatik und öffentliches Interesse

Last and least möchte ich eine Zusammenfassung der Ergebnisse des Seminars aus der Sicht des öffentlichen Interesses geben, bei deren Abfassung mich eine Reihe von Teilnehmern unterstützt haben. Ich habe hier vor allem Herrn *Firneis* und Herrn Dr. *Rozsenich* zu danken. Den folgenden Ausführungen liegt jedoch meine persönliche Ansicht zu Grunde, für die ich allein verantwortlich bin.

Von einem pragmatischen Standpunkt aus ist das Interesse der Öffentlichkeit an der Informatik durch zwei Faktoren bestimmt:

Erstens werden zu einem nicht unbeträchtlichen Teil Computer von öffentlichen Stellen betrieben. Der österreichische Nationalrat hat sich im Jahre 1966 veranlaßt gesehen, einen einstimmigen Beschluß zu fassen, der Anlaß gegeben hat, beim Bundeskanzleramt die in der Ansprache von Magnifizenz *Bukovics* bereits erwähnte Kommission zur Koordinierung des Einsatzes der elektronischen Datenverarbeitung im Bereich des Bundes einzusetzen. Dazu ist zu sagen, daß die vom Bund betriebenen EDV-Anlagen voneinander wesentlich verschiedenen Zwecken dienen: Einerseits Zwecken der Verwaltung, andererseits — im wissenschaftlich-akademischen Bereich — der Forschung und der Lehre, wobei die Forschung mit einem Anteil von 70% der Rechenzeit stark überwiegt.

Der zweite Faktor für das öffentliche Interesse liegt darin, daß der Staat die Verantwortung für die Ausbildung trägt.

Eine genauere Betrachtung zeigt jedoch, daß das öffentliche Interesse an der Informatik tiefer als durch diese beiden Faktoren motiviert ist. Der Computer ist eine Tatsache, die unser Dasein funda-

---

* Wilhelm *Frank:* Dr., Ministerialrat im Bundesministerium für Wissenschaft und Forschung. Sektion Forschung.

mental beeinflußt und verändert. Der Öffentlichkeit ist diese Tatsache bisher — worauf auch von Herrn Prof. *Stetter* bereits hingewiesen wurde — kaum oder nur undeutlich bewußt geworden. Einerseits betrachtet sie die elektronischen Datenverarbeitungsanlagen bloß als Einrichtungen, die ihr geistige Routinearbeiten abnehmen, andererseits bestehen unklare Vorstellungen über die Möglichkeiten der Herrschaft der Maschine über den Menschen, die Ängste auslösen.

Die Wirklichkeit sieht anders aus. Wir stehen erst am Beginn einer Entwicklung. In der ersten Phase, die bis in die Gegenwart geführt hat, haben wir dem Computer schon bestehende und formulierte Aufgaben gestellt und mit seiner Hilfe einer Lösung zugeführt. Das Adaptieren von vorbereiteten Methoden für den Computer hat sich aber nicht als optimal erwiesen. Vielmehr müssen solche Methoden entwickelt werden, die der Maschine gemäß sind. Daraus stellt sich für uns heute die Frage, was man mit einer Maschine wirklich machen könnte, welche unausgeschöpften Möglichkeiten noch in ihr liegen. Damit ist der Übergang in eine neue Phase gekennzeichnet, in der wir uns heute befinden.

An dieser Stelle ist es angebracht, einen Ausspruch von Herrn Prof. *Zemanek* zu zitieren, wonach der Computer keine Informationsquelle ist, sondern eine Einrichtung zur Vernichtung von Informationen, die nur jene wenigen Informationen übrig läßt, die für bestimmte Zwecke und Entscheidungen relevant sind. Die Bestimmung der Zwecke und die Setzung der Alternativen, unter denen eine Auswahl zu treffen ist, wird aber nicht vom Computer vorgenommen, sondern von demjenigen, der die Ergebnisse, die der Computer liefert, interpretiert.

Wunder wirken kann der Computer keine.

Die statische Berechnung eines Tragwerkes nach der Theorie „erster Ordnung" liefert — bei noch so großer numerischer Genauigkeit — keine Aussage über die Knick-, Kipp- und Beulzustände dieses Tragwerkes. Ein noch so ausgeklügeltes Konzept für eine Wirtschaftsprognose wird wenig aussagekräftig, wenn weit zurückliegende, d. h. veraltete Daten als Eingabewerte zur Verfügung stehen.

Jedoch sind die Veränderungen, die der Computer im Denkstil und in der traditionellen Bewertung bestimmter geistiger Fähigkeiten hervorbringt, viel tiefgreifender, als etwa jene, die die modernen Verkehrsmittel und Massenmedien in unserem Zeit- und

Raumgefühl hervorgebracht haben. Sie sind in ihren Auswirkungen auf die Erziehung und auf die zwischenmenschlichen Beziehungen kaum erfaßt.

Der Computer ist heute bereits eine Entscheidungshilfe von außerordentlicher Effizienz. Das bringt jedoch für die Gesellschaft, die sich seiner bedienen will, unmittelbar auch neue Probleme mit sich. Die mit dem Computer gegebene Möglichkeit, Informationsströme von bisher ungekanntem Ausmaß zu beherrschen und zu steuern, stellt die Frage der Verfügungsberechtigung über diese Informationsströme in den Vordergrund.

Information bedeutet Macht!

Wie mir Herr *Gassmann* mitgeteilt hat, wird daher von der OECD ernsthaft die Schaffung einer vierten Staatsgewalt neben den drei klassischen Staatsgewalten erwogen: der Informative, die sowohl dem einzelnen, wie auch der Gesellschaft mit Dienstleistungen zur Verfügung zu stehen hat — dies bei vollem Schutz der Privatsphäre des Individuums. Eine solche einschneidende Veränderung im Staatsgefüge ist sicher nicht leicht herbeizuführen, weil sie mit wesentlichen Kompetenzverschiebungen verbunden ist. Im Grunde ist das nur ein Beispiel dafür, daß die optimale Verwendung der Maschine organisatorische Veränderungen bedingt. Der Computer hat in der modernen Gesellschaft eine ganz andere Funktion als die, welche in der Wahlnacht auf den Bildschirmen der Fernsehgeräte sichtbar wird. In einer demokratischen Gesellschaft sind aber auch gewisse Einschränkungen für den Computereinsatz unerläßlich. Um beim Beispiel der Wahl zu bleiben: In den Vereinigten Staaten ist eine Veröffentlichung von Hochrechnungen aus Zwischenergebnissen von Wahllokalen an der Ostküste so lange nicht zulässig, als die Wahllokale an der Westküste noch offen halten, um eine unzulässige Rückwirkung auf die Meinungsbildung durch Hochrechnungen zu vermeiden.

Dienstleistungen der Datensammlung und der Datenverarbeitung für die Öffentlichkeit hat es schon lange gegeben. Ein Beispiel für eine derartige, systematisch ausgeübte Tätigkeit gibt das Österreichische Statistische Zentralamt, das bereits im Jahre 1890 eine Form von automatischer Datenverarbeitung in seinem Bereich eingeführt hat. Aber der Übergang von der deskriptiven Statistik, die im wesentlichen der Aufnahme historischer Tatbestände diente, zu einer dispositiven Entscheidungshilfe ist erst durch den Computer ermöglicht worden. Durch die Zunahme der Information ist aus der Quantität eine neue Qualität entstanden. Demgemäß ist auch das Österreichische Statistische Zentralamt heute nicht nur mit den Problemen der formalen Datenverarbeitung befaßt, sondern auch intensiv mit den sachlogischen Aspekten der Datensammlung, Aufgaben, die die Informatik nicht außer acht lassen kann.

Wir sind in eine Entwicklung hineingestellt, der wir uns nicht entziehen können. Als ein kleines Land müssen wir von dem Instrument des Computers in vollem Umfang Gebrauch machen.

Wenn man die hohe gesellschaftliche Relevanz des Computers bedenkt, dann muß diese Einsicht auch in der Ausbildung berücksichtigt werden und die Informatiker müssen sich der gesellschaftlichen Verantwortung ihres Berufes schon auf der Hochschule bewußt werden.

Die bisherige Entwicklung war im wesentlichen von den Herstellern der Hardware bestimmt, auch wenn diese nach außen hin unabhängige Servicebüros unterhalten, die die zugehörige Software liefern. Die Fortsetzung dieser Entwicklung würde zu ungünstigen Ergebnissen führen. Um ein zum Informationswesen analoges Beispiel anzuführen, erwähne ich das Elektrizitätswesen. Dort ist rechtzeitig die Trennung von Elektroindustrie und Elektrizitätsversorgung erfolgt. Der damit möglich gewordene Dialog zwischen Herstellern und Betreibern von Geräten hat zu einem ökonomisch und entwicklungsmäßig günstigen Interessenausgleich geführt. Im gleichen Sinne müssen heute die Benützer von elektronischen Datenverarbeitungsanlagen ihre Bedürfnisse selbständig artikulieren. Der Dialog zwischen Benützern und Herstellern von Geräten wird zweifellos wesentlich zur Verbesserung auf dem Gebiet der Softwareentwicklung beitragen, die nach übereinstimmender Ansicht heute einen kritischen Punkt im Gesamtsystem der Informationsverarbeitung bildet. Allerdings teile ich nicht die optimistische Erwartung, daß die Schöpfung einer Universalsprache gelingen könnte — in der Stadt, die *Kurt Gödel* hervorgebracht hat, ist diese Skepsis wohl angebracht. Jedenfalls ist aber zur Verbesserung der Kommunikation zwischen Benutzern und Herstellern von Computern eine objektivierte Ausbildung der Informatiker unerläßliche Voraussetzung.

Das öffentliche Interesse an der Ausbildung ist nicht nur deshalb gegeben, weil die Öffentlichkeit die Kosten für die Ausbildung trägt und die zum Einsatz gelangenden Geräte einen nicht unwesentlichen Anteil des Volksvermögens bilden, sondern in erster Linie, weil nur die sachgemäße Verwendung dieser Geräte Ergebnisse gewährleistet, die allein das Bestehen in einem durch den Computer außerordentlich verschärften weltweiten Wettbewerb überhaupt ermöglichen. Gerade ein kleines Land mit vielen Restriktionen muß deshalb auf die besonders hohe Qualität der Ausbildung seiner Informatiker bedacht sein.

Das Seminar hat ergeben:

1) Nirgends ist die Frage der Ausbildung der Informatiker endgültig geklärt. Das bedeutet für uns, daß auch wir ein Experiment zu machen haben.

2) Zu diesem Experiment ist der Einsatz großer personeller und materieller Ressourcen erforderlich. Daraus ergibt sich für mich die zwingende Schlußfolgerung, daß dieses Experiment in unserem Land zunächst nur an einem Hochschulort durchgeführt werden soll.

Aus dem experimentellen Charakter des Informatikstudiums zum gegenwärtigen Zeitpunkt folgt ferner, daß die Kooperationsmöglichkeiten der Informatik mit anderen wissenschaftlichen Disziplinen in weitestem Umfang gewahrt sein müssen.

Ein weiterer wichtiger Aspekt der Ausbildung ist der, daß sie so gestaltet sein muß, daß sie die Ausgebildeten in die Lage versetzt, der Gesellschaft vor allem bei ihren zukünftigen Bedürfnissen zu entsprechen. Die Zukunftsorientiertheit muß ein Wesenszug der Ausbildung sein.

Es darf festgestellt werden, daß das Seminar, bei dem die Frage der Lehre im Mittelpunkt stand, auch einen nützlichen Beitrag für die Durchleuchtung anderer Fragen, die für die Öffentlichkeit relevant sind, geleistet hat. Dafür sei den Veranstaltern besonders gedankt.